The Pragmatic Programmers
Agile Coaching

アジャイルコーチング

Rachel Davies・Liz Sedley 共著
永瀬美穂・角 征典 共訳

Original English language title:
Agile Coaching
by Rachel Davies and Liz Sedley
Published by The Pragmatic Programmers, LLC.

Copyright © 2009 Rachel Davies and Liz Sedley.
Translation Copyright © 2017 Ohmsha, Ltd.

All rights reserved.
No part of this publication may be reproduced, stored in a retrieval system, or transmitt⊒d,
in any form, or by any means, electronic, mechanical, photocopying, recording, or
otherwise, without the prior consent of the publisher.

本書に掲載されている会社名・製品名は一般に各社の登録商標または商標です。

本書を発行するにあたって、内容に誤りのないようできる限りの注意を払いましたが、
本書の内容を適用した結果生じたこと、また、適用できなかった結果について、著者、
出版社とも一切の責任を負いませんのでご了承ください。

　本書は、「著作権法」によって、著作権等の権利が保護されている著作物です。本書
の複製権・翻訳権・上映権・譲渡権・公衆送信権（送信可能化権を含む）は著作権考が
保有しています。本書の全部または一部につき、無断で転載、複写複製、電子的装置へ
の入力等をされると、著作権等の権利侵害となる場合があります。また、代行業者等の
第三者によるスキャンやデジタル化は、たとえ個人や家庭内での利用であっても著乍権
法上認められておりませんので、ご注意ください。
　本書の無断複写は、著作権法上の制限事項を除き、禁じられています。本書の複写複
製を希望される場合は、そのつど事前に下記へ連絡して許諾を得てください。

(社)出版者著作権管理機構
(電話 03-3513-6969、FAX 03-3513-6979、e-mail：info@jcopy.or.jp)

JCOPY ＜(社)出版者著作権管理機構 委託出版物＞

推薦の言葉

What Readers Are Saying About Agile Coaching

　本書に書かれている明白かつ実績のあるアドバイスは、アジャイルコーチや
スクラムマスターの役に立つだろう。移行の始め方から、コードをクリーンに
保ち、ふりかえりを運営する方法まで、アジャイルチームの力を最大限に引き
出すためにあなたが知るべきことはすべて押さえてある。

マイク・コーン
『User Stories Applied』『アジャイルな見積りと計画づくり』著者

　アジャイルコーチについてのプレゼンテーションを山のように見てきたが、
レイチェルとリズがこの印刷された金塊に詰め込んだ実践的なアドバイスに及
ぶものはない。

ラッセ・コスケラ
Reaktor Innovations社コーチ、『Test Driven』著者

コーチングに関する優れた本を書くのは、とてつもなく難しい作業だ。チームをコーチする手順は規定されておらず、明確に定義されてもいない（いまだに銀の弾丸はない！）。レイチェルとリズは、なぜそうなっているのかをうまく説明している。あらゆるチームはさまざまな人で構成されており、まったく違う事情で動いている。この本の素晴らしいところは、読者を盲目的に従わせるのではなく、「考えさせる」ところにある。コーチとして、アジャイルであるにはどうすべきか、実際にどのようにアジャイルを適用すればいいのかについて、実例を示してくれるのだ。

ナレシュ・ジェイン
Agile Software Community of India

著者たちは、読者に豊富な経験を共有してくれている。この本は、アジャイルチームを支援するあなたのための、ヒントや助言やアイデアやひらめきにあふれている。その他の多くの本とは異なり、この本では改善が必要な例や、特殊な例、難しい例をあげ、深く考察している。

アラン・ケリー
『ソフトウェア開発を変革する』著者

以前、素晴らしい会社を作るためのパターンを書き始めたことがあります。そのなかに「正しいコーチ」というパターンがあり、私はこのように記述していました。

「コーチは鏡のようなもの。鏡なしでも服を着ることはできるが、正しく着られないリスクがある。」

成長している企業にも、成長しているチームにも、コーチングは重要です。アジャイルチームが作られると、コーチングが必要になります。ですが、そこにはガイドブックがありません。コーチのための「コーチ」がないのです！やっとその本ができたことに私は大喜びしています。このお役立ちマニュアルは大変的を射たもので、2人の熟練コーチ兼著者に対してあなたが期待する実践的なアドバイスが載っています。コーチングに興味があるとか、コーチと一緒に仕事をしたことがあるとか、どのような経験ができるのだろうと考えているのなら、この本を手に取るべきです。

リンダ・ライジング
『Fearless Change』共著者

この本は、効果的なソフトウェアコーチになろうとしているすべての人にとって、必携のガイドだ。レイチェルとリズは、アジャイルチームをコーチするために重要なこと、熱意、ベストプラクティスを見事に捉えている。

ゼイビア・ケサダ・アルー
アジャイルコーチ、「Visual Management Blog」執筆者

アジャイルチームをコーチすることは、たとえ最高の環境であっても難しく、新米のコーチであればビビってしまうだろう。チームが専門家としてのあなたの助言を求めてくる状況が、毎日発生するのである。実際の課題に適用する前に、軽く試しておきたい挑戦が毎日やってくる。この本は、膨大な例と歩むべき道を示してくれている。レイチェルとリズは、その長年にわたる経験を生かし、新米コーチに必要とされる自信を与え、私たちのような老犬にも新しい芸を教えてくれるのだ。

ラス・ラファー
Silicon Valley Patterns Group

この本は、アジャイルコーチングについての素晴らしいまとめである。チームが一般的なアジャイルプラクティスを適用するにあたり、どのように支援すべきかについて、その実践的なヒントを示してくれる。すべてのアジャイルコーチやスクラムマスターの必読の書だ。

カチ・ビルッキ
Nokia Siemens Networks社マネージャー、アジャイルコーチング

日本語版の推薦の言葉

　TDD、ペアプロ、ふりかえり、デモ、プランニングなどなど、アジャイルの進め方について書かれた本は多数あるが、コーチやチームメンバーの立場でそのときの恐れや不安の心情まで踏み込んでアドバイスしている本は少ない。開発リーダー、XPコーチ、スクラムマスターの役割で、チームのなかで具体的にどう振る舞えばよいか悩んだことがある人であれば、ぜひ手に取ってほしい1冊だ。ソフトウェア開発を進める上で、大切なことを周囲に伝えるヒントがきっと見つかるはず。

家永英治
株式会社永和システムマネジメント XPコーチ

　『アジャイルコーチング』には、私がアジャイルコーチを始めて4年間、現場とともに学び習得してきたエッセンスの多くが、そして私たちの力だけでは習得できなかった「欠けたピース」たちが、非常に簡潔かつわかりやすい文章ですでにまとめられていました。さああなたも、レイチェルとリズの豊富な体験談に、注意深く耳を傾けてみてください。自分に欠けているピースを見つけて、アジャイルコーチとしての引き出しを増やしましょう。

伊藤宏幸
ヤフー株式会社 アジャイルコーチ、第6代黒帯 (アジャイル開発プロセス)

　「通り一遍の答えはない」。コーチは詳細を聞かずに答えを提示することはありません。彼らは現場を観察し、それぞれの状況に応じた対応をします。本書では、一流コーチが行っている適応的なコーチング手法がソフトな口調で語ら

れます。あなたが現場でチームを管理しているのであれば、視点を一段高めることができるでしょう。メンバーであれば、コーチがマサカリを投げてくる想いを知ることができます。コーチ、メンバー問わず、読んでおきたい良書です。

今給黎隆

東京工芸大学 准教授、認定スクラムプロフェッショナル (CSP)

困難に直面しているアジャイル実践者たちにぜひ読んでほしい内容です。コーチングのテクニックだけでなく、リーダーシップやマネジメントのスキルをアジャイルの文脈で楽しく読み進められます。コーチという異なる視点から見ることで、さらなる成長を手に入れられるのです。読み終わったあと、顔が明るくなり、心の奥が温かくなる力が湧いてきます。アジャイルの書籍をはるかに超えた宝物を得られます。

新井剛

株式会社ヴァル研究所 開発部長

私の知っているアジャイルはこれです。コーチが仕事なのにTech Talkをやるのはなぜか？ ストーリーにカードを使うのはなぜか？ CIやリファクタリングをどう取り入れていくか？ 無茶な目標はなぜダメなのか？ コーチやスクラムマスターへのヒントが満載です。

川口恭伸

楽天株式会社 アジャイルコーチ

コーチはチームに黒子のように寄り添いチームの意見や考えに耳を傾けながら、ベストプラクティスや自分の経験からの学びをチームに提供し、チームの思考の幅を広げチームが自ら自信を持って歩けるよう手助けする存在です。本書はコーチの仕方や原則、よく遭遇する課題とその対応などコーチをする上で知っておくべきポイントが数多く含まれています。これからコーチを始める方、スクラムマスターの方はもちろんのこと、チームの自律性を高めつつ安定した成果を出せるようにしたいマネージャーの方にもお勧めです。

吉羽龍太郎

アジャイルコーチ、『SCRUM BOOT CAMP THE BOOK』共著者

この本にもっと早く出会っていたらあのときチームを助けられたのに！ とアジャイルコーチたちは悲鳴を上げそう。アジャイル開発を導入したいけれど上司の説得に難航している方にもぜひお勧めです！

宮部貴子（みやたか）
LINE株式会社 スクラムマスター

私がよその現場にアジャイルを導入する仕事を始め、「アジャイルコンサル」と自称していた頃、この本に出会いました。チームをアジャイルにするには、アジャイルを知っているだけでは足りない。人とチームにフォーカスして、どうやって見せ、伝え、変化が起きるのを手伝えばいいかも、知らなければいけない。本書からそうした大きな学びを得て、私は少しずつ「アジャイルコーチ」になってきました。

あらためて日本語版を眺め、印象に残る一文を見つけました。昔、原書にアンダーラインを引いていたところです。

「あなた自身がアジャイルの原則に従うことで、実例となる模範を示しましょう。」

そこで、私の実例を示しておきます。「自分がアジャイルコーチになるとは思っていなかったときに、この本を読んでよかった！」

安井力
アジャイルコーチ

「状況によるね (It depends.)」

アジャイルコーチに質問をすると、この答えしか返ってこないというジョークがあるくらい、コーチングの際にはよく聞く言葉です。コーチングにおける状況は千差万別で、常に有用な回答を返すのは困難です。

この本で、レイチェルとリズは、この困難な状況に取り組んでいます。適切に状況を説明した上で、対応方法とそれが重要な理由を丁寧に説明してくれています。

コーチに限らず、チームでシステム開発をする難しさを知っている人には、ぜひ手に取ってほしい本です。

原田騎郎
株式会社アトラクタ アジャイルコーチ

まえがき

Foreword

　アジャイルソフトウェア開発やソフトウェア開発全般に興味があるなら、レイチェルとリズの本が役に立つはずです。本書は、コーチングのことだけを扱ったものではありません。ゲームをもっとうまくやるためにできることを扱ったものです。

　何かに真剣に取り組んでいるときは、それがゴルフだろうと、ピアノだろうと、絵画だろうと、インチ単位で何かの削り出しをしているときだろうと、コーチの助けが役に立つものです。優れたコーチは、対象のことを把握しており、今がどのような状態であり、これからどうすれば改善できるかを評価できます。学習曲線は必然的にいずれ横ばいになりますが、そのときもコーチはモチベーションを高めてくれます。

　たいていの人は、ゴルフや筋トレのような趣味の時間よりも、仕事の時間のほうが長いでしょう。ですが、誰かに改善を手助けしてもらえることは、まったくといっていいほどありません。つまり、誰かを助けたり、誰かに助けられたり、自分のことを助けたりという機会は、私たちの周りにありふれているということです。そうした機会を見つけ、徹底的に活用できるようにしてくれるのが、本書なのです。

　アジャイルソフトウェア開発は簡単そうに思えます。基本的には、作るものを決めて、短い時間で作り、何が起きたかを考えて、プロダクトをリリースできるまでそれを繰り返すだけの話です。ね、簡単でしょ？

　ただ、そのためにはいろいろなことが必要になってきます。アジャイル開発手法を使い始めたチームは、そのメリットをすぐに享受できます。最高のアジャイルチームであれば、生産性が倍以上になることもあるでしょう。こうした生産性の高いチームは、必ずしもあなたのチームより優秀なわけではありません。単にうまく働いているだけなのです。どのチームも自分たちに適したやり方を見つける必要があります。本書の趣旨はまさにそれです。よりよい方法を見つけ、うまく活用していきましょう。

現場を渡り歩くアジャイルコーチにとっては、顧客と仕事をするときに本書が役に立つでしょう。社内コーチ、スクラムマスター、顧客、プロダクトオーナーにとっては、チームと仕事をするときに本書が役に立つはずです。あなたが「ただの」チームメンバーだとしても、本書は役に立ちます。ちょっとしたコーチングをする機会は、誰の目の前にもあるからです。

レイチェルとリズは、アジャイル開発の重要な側面をすべて見せてくれます。チームづくりから、見積り、計画づくり、計測、デモ、改善に役立つふりかえりを開催するところまで、ぐるりと全体を見せてくれます。「完成」の定義の改善方法や、完成を早めるためのソフトウェアのテストや構築の方法を発見させてくれます。クリーンコードの重要性とそれを手に入れる方法を理解させてくれます。

今やソフトウェア開発は、実に多彩で複雑なものになりました。チームワークも同じです。私たちが知るべきすべてのことを1冊の本にまとめるのは不可能です。1ダースにだってまとまらないでしょう。レイチェルとリズは、チームのプロセスの重要な側面を見つけ出し、自分たちのプラクティスを理解・形成するための重要なアイデアを提供してくれます。また、すべての章の終わりには、成長を目指すときに遭遇する苦難のリストや、気をつけるべき重要なチェックリストを掲載してくれています。

さらにレイチェルとリズは、これまでチームを支援してきた長い経験から手に入れた実例をあげてくれています。実話にもとづく話は理解しやすく、自分と似たような状況から抜け出した人の話を聞けば、あなたの肩の荷も下りることでしょう。問題の対処方法が存在することを理解すれば、落ち着いて正しい選択ができるようになります。

「実話」「チェックリスト」「苦難」があるだけでも、本書を買う価値があります。ですが、それだけではありません。第14章「あなたの成長」には、自分自身を向上させるための、レイチェルとリズからのアドバイスが書かれています。そのアドバイスを1つだけ紹介すると、「1か月に1冊は技術書を集中して読む」とあります。私のアドバイスも同じです。まずはここから始めましょう。達成感が感じられるはずです。

ロン・ジェフリーズ

2009年7月

イントロダクション
Introduction

「アジャイル」とは、チームで優れたソフトウェアを生み出すことです[*1]。あなたがアジャイルコーチになれば、チームが最初の一歩を踏み出し、アジャイルを受け入れ、アジャイルの可能性を引き出すことを支援できるのです。

本書では、チームがアジャイルを最大限に活用する方法を紹介します。また、チームの効果を高めるコーチングの実践的なアドバイス、ヒント、テクニックを扱います。対象読者は、アジャイル開発でチームをコーチしたい人（プロジェクトマネージャー、テックリード、ソフトウェアチームのメンバーなど）です。

アジャイルコーチングの技能は、「状況の理解」と「アジャイル開発の価値」、そしてその2つをどのように組み合わせるかで決まります。アジャイルコーチがすべての答えを知る必要はありません。正しいアプローチにたどり着くには、時間や実験が必要です。一緒に働いたチームは、素晴らしいソリューションを生み出しています。私たちはともに働くすべてのチームから学ばせてもらっています。

これから、計画の立案からソフトウェアのデプロイまで、アジャイルプラクティスの全体像についてお話します。このように広範囲のプラクティスを扱うのは、それらを組み合わせて使うと強力になるからです。私たちの経験からすると、難しいのはアジャイルプラクティスの手順ではなく、それらを導入する人たちに対するコーチングです。本書では、そのことを扱います。

一般的なアジャイル

私たちが一緒に仕事をしているチームは、エクストリームプログラミング（XP）、リーン、スクラムを組み合わせて使っています。本書では、それらをまとめて**アジャイル**と呼ぶことにします。

[*1] 訳注：「アジャイル」は本来は形容詞ですが、本書では大文字の「Agile」を名詞としても扱っています。

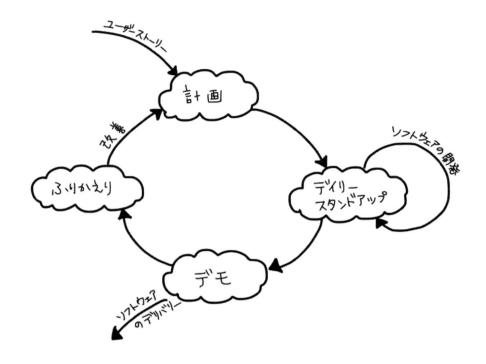

　単純化したアジャイルプロセスのライフサイクルを図に示しました。チームで協力しながらイテレーションで作業を行い、ソフトウェアをデリバリーする様子を表しています。各イテレーションは、**ユーザーストーリー**を使った**計画**から始まり、**デモ**と**ふりかえり**で終わります。チームは同じワークスペースで働き、1日の最初に**チームボード**の近くで、**デイリースタンドアップ**を開催します。そして、**テスト駆動開発**や**継続的インテグレーション**を使いながら、ソフトウェアを開発します。イテレーションの期間は、1週間程度の短いチームもあれば、1か月間のリズムにしているチームもあります。

　アジャイルコーチは、機能横断型の開発チームとビジネス側のステークホルダーがうまく協力できるように尽力します。私たちは、開発チームの外にいて開発チームと協力するビジネス側の代表者のことを**顧客**と呼びます（スクラムの「プロダクトオーナー」に相当します）が、経験上、誰を顧客と呼ぶかは組織によって異なります。

　このライフサイクルは、アジャイルプラクティスがどのように組み合わさっているかを示したものです。必ずしも上のほうから順番に導入する必要はありません。どのプラクティスから手をつけても構いませんし、あとからプラクティスを追加しても構いません。

本書の目的

　コーチングとは、人間と一緒に働くことです。人間はプロジェクトやチームで働いています。チームは組織に所属しています。人間、プロジェクト、チーム、組織は、どれひとつとして同じものはありません。ですから、何をすべきかを私たちが正確に規定することなどできないのです。

　その代わり、従うべき一般的なガイドラインと、適用可能な選択肢のアイデアを提供しましょう。

　いつでも使える決まったやり方を教えることはできません。まったく同じ状況など存在しないからです。チームの状況によっては、正反対のアドバイスをすることもあります。たとえば、プロジェクトマネージャーにはデイリースタンドアップに参加するように伝えていますが、時には参加を控えるように伝えることもあります。チームの規模、チームに与える影響、チームメンバーの経験など、いろいろな要因を考慮する必要があるのです。

　本書では、さまざまな状況で私たちが経験した実話を共有しています。あなたが同じ状況にいれば、すぐに役に立つヒントも含まれているでしょう。ただし、こうしたアドバイスをチームに導入するかどうかは、あなた自身が決めなくてはいけません。

　優秀なアジャイルコーチになるには、時間と経験が必要です。本書を読めば、知識が増えていくことでしょう。そうすれば、コーチングのワナを回避できるようになりますし、コーチングを改善するヒントも手に入ります。学んだことをチームに適用するひらめきやアイデアも得られます。

レイチェルの言葉
言葉で伝えるんじゃなくて、見せるのよ

　アジャイルプラクティスに触れずに、コーチングのことだけを説明するのは無理なのよね。アジャイルコーチの仕事には、プラクティスの説明も含まれているのよ。難しいことをわかりやすく説明して、うまく整理してあげられるといいわね。そうやってチームをうまく助けてあげましょう。

　たとえば、カナヅチの柄でクギを打っている人がいたらどうする？　反対側をこう握るんだって、正しい使い方を見せてあげるでしょ？　そうすれば、その人の仕事は楽になるわ。正しい使い方がわかれば、カナヅチを使うこともきっと楽しくなるはずよ。

　アジャイルプラクティスを導入しようとしているチームによく出会うけど、うまくできなくて時間をムダにしていることが多いの。そのときは何をすべきかを伝えるんじゃなくて、あなたが実際に使い方を見せてあげるといいわ。教えられた使い方を導入するかどうかは、チームで決めることよ。

本書の読み方

　各章はある程度完結していますので、個別に読むこともできますし、順番に読むこともできます。最初に一般的なコーチングの原則を説明してから、それらをアジャイルプラクティスのコーチングに適用する方法を説明します。各章を読んだあとは、時間を作り、チェックリストを見直して、そこで学んだことをチームに適用する方法を考えてみてください。

　私たちは、アジャイルチームをコーチするときに、乗り越えなければいけない苦難を数多く経験してきました。各章の終わりに、そうした苦難と、それらをうまく乗り越えるためのアドバイスを紹介しています。すべてのことを網羅しているわけではありませんが、行き詰まったときにそこから気づきを得てほしいと願っています。

謝辞
Acknowledgements

本書は、家族の支えがなければ実現できなかったでしょう。毎週末、毎晩、原稿を書き、長々とSkypeで通話しているあいだ、つま先立ちで音を立てないようにしてくれました。双方の家族（Don、Alex、Abby、Josh、Ian、Sapphire、Stephanie）に感謝します。

本書のレビューアー（Mike Cohn、Frank Goovaerts、Ben Hogan、Leigh Jenkinson、Colin Jones、Allan Kelly、Turner King、Simon Kirk、Lasse Koskela、Andy Palmer、Timo Punkka、Xavier Quesada-Allue、Dan Rough、Russ Rufer、Karl Scotland、Bas Vodde、Leah Welty-Rieger、Matt Wynne、Silicon Valley Patterns Groupのみなさん）に感謝します。

本書の部分的なレビューと改善を手伝ってくれた方々（Esther Derby、Willem van den Ende、Ellen Gottesdiener、Julian Higman、Ron Jeffries、Norm Kerth、Antony Marcano、Richard Lyon、Ivan Moore、Linda Rising、Jerry Weinberg、Rebecca Wirfs-Brock）に感謝します。

本書に寄稿してくれた、Ron Jeffries、Michael Feathers、Lasse Koskela、Antony Marcano、Ivan Moore、Karl Scotlandに感謝します。

最後になりましたが、Pragmatic BookshelfのAndy Hunt、Dave Thomas、Jackie Carterにもお礼を言わせてください。特に編集者のJackieは、この1年間、私たちを辛抱強くコーチしてくれました。おかげで、文章量を減らしながら、本質を絞り出すことができました。ご支援ありがとうございました。

目次

推薦の言葉 iii

日本語版の推薦の言葉 vii

まえがき xi

イントロダクション xiii

謝辞 xvii

第I部　コーチングの基本　　　　　　　　　　　　　　　1

第1章　旅を始める 3

1.1　アジャイルコーチは何をする人？ 3

1.2　コーチングの態度を形成する 5

1.3　コーチになる準備をする 8

1.4　コーチングの始め方 11

1.5　ペースを維持する 14

1.6　苦難 17

1.7　チェックリスト 18

第2章　みんなと一緒に働く 19

2.1　傾聴 19

2.2　フィードバックを伝える 24

2.3　対立を解消する 26

2.4　合意を形成する 27

2.5　苦難 29

2.6　チェックリスト 30

第3章　変化を導く 31

3.1　変化を導入する 31

3.2　質問する 35

3.3　学習を促す 40

3.4　ミーティングのファシリテーション 42

3.5　苦難 44

3.6	チェックリスト	45

第4章	アジャイルチームを作る	47
4.1	チームの結束を強める	47
4.2	チームの空間を作る	50
4.3	役割のバランスを取る	51
4.4	チームをやる気にさせる	52
4.5	苦難	56
4.6	チェックリスト	57

第II部　チームで計画づくり　　　　　　　　　59

第5章	デイリースタンドアップ	61
5.1	立ってやる	62
5.2	チームによるチームのための	63
5.3	問題を扱う	68
5.4	時間を設定する	69
5.5	いつコーチするか	70
5.6	苦難	71
5.7	チェックリスト	75

第6章	何を作るかを理解する	77
6.1	ユーザーストーリーのライフサイクル	77
6.2	会話を促す	78
6.3	カードを使う	79
6.4	詳細を確認する	82
6.5	苦難	86
6.6	チェックリスト	88

第7章	前もって計画する	89
7.1	計画するための準備をする	90
7.2	優先順位を理解する	90
7.3	規模を見積もる	91
7.4	レビューとコミット	96
7.5	追跡し続ける	99
7.6	苦難	100

xx 目次

7.7	チェックリスト	103

第8章　見える化する 105

8.1	チームボード	105
8.2	大きな見える化チャート	111
8.3	チームボードを保守する	114
8.4	苦難	115
8.5	チェックリスト	116

第III部　品質に気を配る　　　　　　　　　119

第9章　「完成」させる 121

9.1	誰がテストするのか？	121
9.2	「完成」の意味を定義する	122
9.3	テストを計画する	124
9.4	バグを管理する	125
9.5	フィードバックを早く手に入れる	129
9.6	未完成からの復帰	130
9.7	苦難	132
9.8	チェックリスト	133

第10章　テストで開発を駆動する 135

10.1	テスト駆動開発の導入	135
10.2	継続的インテグレーション	141
10.3	テスト駆動開発を持続させる	145
10.4	苦難	147
10.5	チェックリスト	148

第11章　クリーンコード 149

11.1	インクリメンタルな設計	149
11.2	コードの共同所有	154
11.3	ペアプログラミング	158
11.4	苦難	162
11.5	チェックリスト	163

第Ⅳ部　フィードバックに耳を傾ける　165

第12章　結果をデモする　167
12.1 デモの準備　167
12.2 全員が役割を果たす　171
12.3 ソフトウェアのリリース　174
12.4 苦難　175
12.5 チェックリスト　176

第13章　ふりかえりで変化を推進する　179
13.1 ふりかえりをファシリテートする　179
13.2 ふりかえりを設計する　187
13.3 大規模なふりかえり　189
13.4 苦難　190
13.5 チェックリスト　191

第14章　あなたの成長　193
14.1 知っていることを増やす方法　193
14.2 計画を立てる　196
14.3 自分のネットワークを築く　196
14.4 個人のふりかえり　198
14.5 慣れる　200
14.6 チェックリスト　202

参考文献　203

索引　206

第Ⅰ部

コーチングの基本

千里の行も足下より始まる
　　——老子 (紀元前604〜531年)

第1章

旅を始める

Starting the Journey

　さあ、アジャイルコーチになるための旅を始めましょう。あなたの使命は、チームがアジャイルを導入して、素晴らしいソフトウェアを作る手助けをすることです。それを成功させるには、あなたのアジャイルに対する情熱と熱意が必要になります。チームをガイドする前に、あなた自身がアジャイルを導入した経験も求められます。

　「アジャイルコーチって何をするんだろう？」と疑問が浮かぶでしょう。そして、すぐに「で、どうすればいいの？」と思うことでしょう。アジャイルコーチとしての成功は、一緒に働く人たちが変化を実現できるように、コーチングの基礎力と戦略を学ぶことに他なりません。

　テスト駆動開発やユーザーストーリーといった、具体的なアジャイルプラクティスのコーチの方法については、あとから説明します。まずは、アジャイルコーチが何をどうするのかについて、ざっと見ていきましょう。そして、はじめの一歩をうまく踏み出せるように、準備を整えましょう。

1.1　アジャイルコーチは何をする人？

　あなたのゴールは、他人から押しつけられるアジャイルの行動規範に依存するのではなく、自分たちで考えることのできる、生産的なアジャイルチームを育てることです。アジャイルになる方法を示すだけでは不十分です。アジャイルを定着させるには、仕事のやり方や考え方を変える必要があります。アジャイルチームのメンバーとしてうまく働くには、古い習慣を捨て去らなくてはいけません。アジャイルコーチの仕事は、チームメンバーが険しい道のりを乗り越え、自分たちのやり方を見つけられるまで導くことなのです。

　チームはそれぞれ違います。プロジェクトの課題も違えば、チームを構成するメンバーの性格も違います。チームによって求めることが異なれば、どのようにコーチするかも変わってきます。アジャイルが未経験のチームであれば、あなたはスポー

ツコーチのようになるべきでしょう。アジャイルプラクティスのやり方を積極的に教えていくのです。経験のあるチームであれば、あなたはライフコーチのようになります。こちらから解決策を示すのではなく、質問に耳を傾けたり、こちらから質問したりして、チームが改善できるように手助けをするのです。

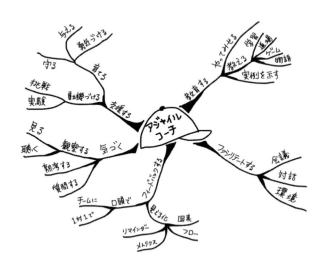

このマインドマップを見れば、あなたがやるべきことの全体像がわかります。それぞれの要素を見てみましょう。

気づく
目を開き耳を傾けて、チームの働き方に注目し、背景にある事情についてよく考えましょう。

フィードバックする
気づいたことをチームにフィードバックしましょう。仕事のなかにフィードバックの仕組みを取り入れれば、チーム自身が問題に気づけるようになります。

教育する
学習を促す方法を探しましょう。どうすればアジャイルになるかを実際にやってみせたり、実例を聞かせたり、トレーニングを開催したりするといいでしょう。

ファシリテートする
建設的なコミュニケーションとコラボレーションを円滑にして、アジャイルになりやすくしましょう。

支援する

　　　チームが行き詰まったときにそばにいて、前進し続けられるように勇気づけ、前向きでいられるようにしましょう。

　やることが多いと思うかもしれませんが、すべてを同時にやる必要はありません。目まぐるしく変化を起こすのではなく、一歩ずつ進めていくのがコーチです。結局のところ、正しい態度を形成することが成功の秘訣です。あなたもいずれそのことがわかってくるでしょう。

1.2　コーチングの態度を形成する

　自分のコーチングに対する前向きな態度を育てることが最も重要です。変化は必ず起こるのだと強く信じなければいけません。しっかりと地に足をつけながら、これまでにない可能性や考えを喜んで受け入れることを示さなければいけません。チームがあなたに求めているのは、これから何ができるかのガイドであり、変化を現実のものにするためのほんの小さな勇気なのです。

　アジャイルコーチの大切な習慣には、以下のようなものがあります。

- 模範を示す
- バランスを取る
- 地に足をつける
- 言葉に気をつける
- 実践から学ぶ

　それでは、実際にどういうことかを見ていきましょう。

模範を示す

　あなた自身がアジャイルの原則に従うことで、実例となる模範を示しましょう。たとえば、アジャイルの重要な原則は、持続可能なペースで（燃え尽きずに）働くことです。したがって、常識的な時間に退社して、この原則に本気で従っているところを見せてください。メールを送る代わりに面と向かって話すことで、コミュニケーションの取り方を示してください。あなたが模範を示したい原則のリストを作るといいでしょう。

　自分のアドバイスに従ってみせるのは、チームを導くための強力な手段です。他人に言うことと自分がやっていることが一致していれば、この人は信頼できる人だとわかるはずです。教えたことを自ら実践する方法について、あなたも少し考えてみましょう。

バランスを取る

　チームが変化に対して拒否反応を示すのは自然なことです。その変化をもたらしているのは、多くの場合、コーチであるあなたです。変化に対する反発は予期しておくべきことであり、チームの反応によってあなたがバランスを失ってはいけません。彼らはただ「マネジメントによるスバラシイ考え」（当然ながら失敗に終わったもの）から立ち直ろうとしているのであり、そうした変化に対して斜に構えているだけなのです。

　批判を個人攻撃と受け取らないでください。あなたを対象にしたものではなく、変化に対して反発しているだけなのです。あなたは常にポジティブでいましょう。コーチの帽子をしっかりと被っていてください。積極的な行動を取るべきです。たとえば、チームの不満の根本原因を発見し、それらを解決する方法を探しましょう。

地に足をつける

　コーチにとって最も重要な資質は辛抱強さです。チームがすぐに完璧になるとは期待しないようにしましょう。変化には時間が必要です。最初のうちは、アジャイルになるためにチームはいろいろと試すものです。そこでアラを探したり、非現実的な期待をかけたりして、チームに余計なストレスをかけないように気をつけましょう。チームにはすでに他のプレッシャーがかかっていて、アジャイルを学ぶことに集中できないでいるのかもしれません。落ち着きましょう。プレッシャーをかけてはいけません。

　教えたことをチームがなかなかやろうとしなくても、すぐに責めたりしないでください。投げ出さずにしっかりと責任を持ち、自分自身に原因がないかと考えてみましょう。急ぎすぎていませんか？　始めた時期が悪かったのではありませんか？いったん身を引いて、チーム外の人たちと話をして、余分なガスを抜きましょう。

　辛抱強さと現状に甘んじることは違います。諦めてはいけません。いずれ変わってほしいと強く思うのであれば、やさしく、しつこく、支援を続けてください。速度を落としながら、新しいアジャイルのスキルを身につけることがいかに大切かを理解してもらえるように、何か他にやり方を見つけることはできないでしょうか？進むべき道を整備し、新しいことに安心して挑戦できるようにして、チームを支援する方法を模索してみましょう。

言葉に気をつける

　「言葉に気をつけろ」と言われて驚く人もいるかもしれませんが、コーチであれば、言葉づかいに注意しなくてはいけません！　綺麗な言葉を使うことはもちろんですが、チームとの話し方にも配慮する必要があります。

　「私が」「あなたが」「彼らが」ではなく、「私たちの」「私たちが」「私たちに」を使っ

て、あなたもチームの一員であることを示しましょう。たとえば、「あなたたちはリリースバーンアップチャートを更新する必要があります」ではなく「私たちはリリースバーンアップチャートを更新する必要があります」と言いましょう。わずかな違いですが、非常に重要なことです。あなたがチームの側にいることがわかるからです。ただし、常に「私たち」のような包括語を使う必要はありません。個人的な意見を言うときは「私は、テストの実行に1時間以上かかっていることに気づきました」のように、「私」を使ったほうがわかりやすいでしょう。

　普段と違うことに気づいたときは、そのことを伝えてください。たとえば、「こんなふうにやるのは、これまで私は見たことがありません」とか、もっと具体的に言うなら「私が最近まで働いていたチームでは、リリース前に顧客に相談していました」といった感じです。アドバイスや批判でなく、単なる情報として伝えることで、チームは他のやり方についても検討できるようになります。

　十把一からげに総括することは避けましょう。「絶対に」「必ず」「正しい」「間違っている」といった言葉も使ってはいけません。目の前の状況を軽視することになるからです。それは間違っている、正しくないという言葉は、これまでのやり方を否定することにつながります。言われた側は嫌な気持ちになりますし、面目を失ってしまうでしょう。

　「開発者」や「マネージャー」といった役割で人を区別しないようにしましょう。人をカテゴリに分けると、コミュニケーションの壁が生まれます。相手のことはきちんと名前で呼ぶようにしましょう。

実践から学ぶ

　物事が思ったとおりにいかなくても慌てないでください。何が起きたのか、なぜそうなったかを時間をかけてゆっくりと考えましょう。最も強烈な教訓は、誤りから生まれます。もう一度同じ状況に置かれたら、他にどのようなやり方があるのかを自問してみましょう。

　チームが間違ったことをしようとしても、決して止めないでください。チームに失敗する余地を与え、経験から学べるように支援しましょう。

　あなたはチームと一緒に忙しくしている必要はありません。新しいアイデアを蓄える時間を作り、社外のアジャイルコミュニティで起きていることを追いかけるようにしましょう。本を読み、ブログを読み、ポッドキャストを聞き、アジャイルに興味を持つ人たちとつながるようにしましょう。どうやって自己を形成するかについては、第14章「あなたの成長」で詳しく説明することにします。

1.3 コーチになる準備をする

スポーツコーチと同じように、アジャイルコーチもゲームのルールを知らなくてはいけません。アジャイルの仕組みを理解し、アジャイルを実務に取り入れた経験が必要になります。アジャイルの実践者としての経験があれば、アジャイルの重要性を深く理解できるようになるでしょう。そうすれば、実例をあげて要点を説明することもできます。

アジャイルを使った経験があるからといって、他人にアジャイルの手法を教えるのが自然とうまくなるわけではありません。経験を積み、予期せ

> アジャイルを説明する
> 練習をしましょう。

ぬ質問にもうまく答えられるようになりましょう。アジャイルのことをまだよく知らない人の話でも、喜んで聞いてくれる人たちを探しましょう。仕事場でも見つからず、家族はすでにアジャイルの熟達者であり、飼い猫さえもアジャイルの話にはうんざりというのであれば、地元のアジャイルユーザーグループに出掛けて、他の人たちがどうやっているのかを聞けばいいのです。アジャイル関連のポッドキャストを聞けば、専門家からヒントを手に入れることもできます。まずは「Agile Toolkit Podcast」[1]がお勧めです。

チームと一緒に働き始める前に、あなたの役割を明らかにする下準備をしましょう。アジャイルになること自体が目的ではありません。このチームにどんな利益をもたらしたいですか？ チームやマネージャーからどんな期待をされているのでしょうか？ 考えられる質問をコラム「エクササイズ：コーチングを始める前の質問」にあげておいたので、時間を作って答えてみてください。最適な紹介のされ方がわかるはずです。

エクササイズ：コーチングを始める前の質問

役に立つ質問をいくつか用意したので、チームのコーチングを始める前に答えてみましょう。

動機：
- 自分はなぜこのチームをコーチするのか？
- 自分はどのような変化をもたらしたいのか？
- 自分は何を学びたいのか？

---

[1] http://agiletoolkit.libsyn.com/

スキル：
- 自分は何を提供すべきか？
- みんなは自分の何を知りたがっているのか？
- この情報をどうやってチームに知らせるべきか？

責任：
- コーチングを始めるために誰かの同意が必要か？
- 自分の正式な役割における責任は何か？
- アジャイルコーチの立場と競合することはあるか？
- 仕事の進捗をどうやってレビューすればいいか？
- 仕事が終わったことをどうやって把握すればいいか？

支援：
- 周りからどのような支援が受けられるか？
- どのようにチームに紹介してもらうか？
- 一緒に働きたいアジャイルコーチは他にいるか？
- 発注者にコーチングの進捗を報告する必要はあるか？

紹介してもらう準備

　良好な関係で始めることが重要です。コーチングを始める前に、チームにあなたを紹介してもらう必要があるでしょう。すでにチームメンバーを知っているとしても、アジャイルコーチという新しい役割について知ってもらう必要があるのです。

正式に紹介されない場合

　ヘンリーは、テスト駆動開発の導入を支援するアジャイルコーチとしてチームに呼ばれました。ですが、コーチとして紹介されることはありませんでした。彼は、開発マネージャーが説明済みなのだろうと思っていましたが、いざチームにアドバイスをしようとすると、抵抗にあってしまうのでした。

　開発者にとってみれば、ヘンリーはチームのためにストーリーテストを自動化する「新しいテスター」だったのです。彼の言うことに耳を傾ける理由はないと思っていましたし、自分たちのやり方に対するフィードバックをしようものなら、ムダや邪魔なものだとして認めようとしませんでした。

　この状況は、ヘンリーの出ばなをくじくものでした。こうなってしまうと、解決するのは困難です。すでにチームは彼を無視するのが当たり前になっているからです。

　きちんと紹介してもらえば、チームと信頼を築き、チームに信用してもらうことができます。それがなければ、あなたの言うことに誰も耳を傾けません。あなたが何を提供することができ、マネジメントからどのような支援を受けているのかにつ

いて、チームは知る必要があるのです。アジャイルがはじめての人にあなたの役割を理解してもらうには、アジャイルとは何か、どのようないいことがあるかをざっと把握してもらう必要があります。そのことも忘れないでおいてください。

誰があなたを紹介するかは、状況によって異なります。

外部コーチ

アジャイルの専門家としてチームの改善を手助けするために呼ばれたのであれば、発注者から紹介してもらえるように頼みましょう。説得力のある紹介になるように、チームに伝えるべきあなたの経歴や資質を事前に把握してもらいましょう。たとえば、「オープンソースのテストツールのコントリビューターである」「ブロガーでたくさんの記事を書いている」「他社の画期的なアジャイルプロジェクトで働いていた」などがいいでしょう。「アランを紹介しよう。彼はアジャイルの第一人者だ」と紹介をされるより、よっぽどチームに伝わります。

内部コーチ

マネージャーから、パイロットプロジェクトのコーチになってほしいとか、組織にアジャイルを広めてほしいと頼まれたのであれば、チームはあなたの新しい役割について知る必要があります。また、アジャイルに移行していくための計画についても、チームによく聞いておいてもらわなければいけません。権限のあるシニアマネージャーから、組織におけるアジャイルの推進について説明してもらいましょう。経営層の承認を得たものであることがチームにわかれば、チームはあなたの忠告を注意深く聞くようになるでしょう。

役割の拡張

アジャイルを導入するように誰かから言われなくても、アジャイルがチームに優位性をもたらすと信じており、自分の権限でアジャイルコーチになろうとしている場合もあるかもしれません。この場合、紹介してくれる人がいないかもしれませんが、紹介部分を省略しようとしてはいけません。チームを集めてあなたの新しい役割を紹介する時間を作り、アジャイルに移行するにあたっての質問に答えるようにしましょう。

紹介は双方向のものです。あなたにとっては、チームにどのような人がいるかを知るための機会です。何か思惑が隠されているのではないかと心配している人もいるかもしれません。なぜアジャイルコーチの役割を引き受けたのか、あなたの動機を隠さずに話しましょう。プロジェクトに対する期待や不安を尋ねて、あなたがチームの味方であることを示しましょう。そうすれば、次に何をすればチームを支え、彼らから信頼が得られるかについて、何かいい考えが浮かぶはずです。

紹介が済んだら、チームと一緒の時間を過ごして、誰が影響力を持っているかを

把握し、彼らがどのような働き方をするかを見てみましょう。遠くから観察するのではなく、チームと同席するといいでしょう。カメレオンのように周りに溶け込むようにしましょう。そうしないと、あなたがそこにいる限り、チームは猫をかぶって行儀よくしてしまうからです。

あなたの能力や経験に対する信頼が生まれなければ、チームはあなたの指導に従ってくれません。XPゲーム[*2]やコーディング道場[*3]のような、アジャイルに関する対話型のセッションを開催するなどして、チームの興味を引くことから始めてみるといいでしょう。

1.4　コーチングの始め方

うずうずしているのはわかりますが、どこから始めるべきでしょうか？ 正しい答えがあるわけではありません。どれか1つを選んで、飛び込んでみるのが最もシンプルな方法です。どの問題から手をつけたらいいかわからないときは、アジャイルな方法を使いましょう。まずは、プロジェクトのあり方を改善できそうな問題領域のリストを作ります。そして、あなたのコーチングの使命にもとづいて、リストに優先順位をつけます。ほら、出発点が見つかりましたね。

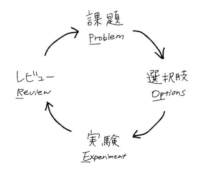

▲ 図1.1　PrOpERコーチングサイクル

コーチングをするたびに、このPrOpERサイクル（図1.1参照）を当てはめることができます。

課題 (Problem)
　　取り組む課題を選びましょう。チームがどのように動くかを観察しましょう。

[*2] http://www.xp.be/xpgame.html
[*3] 第10章「テストで開発を駆動する」のコラムを参照。

改善すべきところはどこですか？

選択肢 (Options)

選択肢を考えましょう。状況を改善するために試せそうなものは何ですか？
少なくとも3つあげましょう。

実験 (Experiment)

選択肢から1つだけ選んで試してみましょう。

レビュー (Review)

成果をレビューしましょう。何か改善しましたか？ 改善しなかったとしても、
何か学ぶことはありましたか？

例を見てみましょう。

課題

今朝、ジャックはデイリースタンドアップミーティングに遅れてきました。
先週もそうでした。あなたが心配に思っているのは、彼が新しいテスト環境を
作っている最中だからです。彼は、現在のテスト環境でチームが発見した問題
に関する重要な情報を聞き漏らしているのです。

選択肢

考えられる選択肢はいくつかあります。

1. **正面から立ち向かう**：ジャックが来たら、デイリースタンドアップで聞き漏
   らした情報をキャッチアップしてもらいます。ひとつずつ説明しながら、デ
   イリースタンドアップに参加することの重要性を説きます。
2. **チームを教育する**：チーム全体に対するトレーニングセッションを開いて、
   デイリースタンドアップを改善する方法を学んでもらいます。チーム全員が
   デイリースタンドアップミーティングに参加することの重要性をジャックが
   理解してくれるかもしれません[4]。
3. **チームに責任を負わせる**：誰かにあなたの代わりになってもいます。
   ジャックに「明日のデイリースタンドアップ、私の代わりにあなたが運営し
   ない？」と聞いてみるのです。
4. **成り行きを見守る**：あなたは何もしません。ジャックの遅刻が問題であるこ
   とを本人に伝えるかどうかは、すべてチームに委ねます。

実験

あなたは1つ目の選択肢（ジャックと話をする）を選びます。まずは、デイ
リースタンドアップに何度かいなかったことを伝えます。彼は、このことが問

---

[4] ビル・ウェイクの「Scrum from Hell（地獄のスクラム）」は、このような状況にぴったりのロールプレイエクサ
サイズです。http://xp123.com/g4p/0410b/index.htm

題となっていたことに心から驚いたようです。彼にしてみれば、顧客のストーリーに関わる作業をしているわけでもないので、まさか自分がその場にいなければいけないとは思っていませんでした。それから、あなたが心配している理由が、新しいテスト環境を構築するときに考慮すべき情報をジャックがチームメイトから聞き漏らしていることだと説明します。同時に、デイリースタンドアップはチームのものであり、顧客のためのものではないことも伝えます。そして、彼が見落とした課題を確認するために、テスターとミーティングを開くことを提案します。すると、彼はうなずいて、明日のデイリースタンドアップには時間どおりに来ることに同意しました。

レビュー

　成果をレビューしましょう。明日、ジャックは時間どおりに来るでしょうか？彼と会話したことで、何か違いが生まれたでしょうか？　まだ問題が残っているのであれば、次はどの選択肢を試しますか？

レイチェルの言葉
巻き戻しと早送り

　コーチは時間の概念を持つことが大切よ。原因と結果について考えるためにね。何かに気づいたときは、想像を働かせて、起きたことを巻き戻したり早送りしたりしてみて。

　過去に起きたことについてもっと多くを知れば、今後不意にどんな障害が起きるかを意識できるようになるわ。チームに「どうしてこうなったの？」と尋ねてみましょう。

　変化を起こしているときは、物事をとことん考えるのよ。今やっているアクションの長期的な影響は？　今のままやり続けていたら、どんなことが起こる？

選択肢を考えるときには、以下のアイデアも考慮するといいでしょう。

- **課題を表面化させる**：課題をチームに見えるようにします。
- **課題を共有する**：チームと課題について話します。
- **様子を見る**：課題を放置します。悪化すれば、チームが気づくでしょう。
- **回避する**：チーム内外の誰かに課題を売り込みます。
- **根本原因分析**：課題の根本原因を探ります。
- **チームを教育する**：チームが解決策を見つけられるように情報を与えます。
- **誰かに任せる**：チームやチームメンバーに引き渡します。

PrOpERサイクルの使い方について説明しましたが、これはあなただけの秘密にする必要はありません。チームと一緒に使ってもいいですし、非公式に使ってもいいですし、ふりかえりで使ってもいいでしょう。

1.5　ペースを維持する

アジャイルチームを作るのは時間がかかるものです。数日間、何も進んでいないように見えることもあります。途中で「もう諦めようか……」なんて思ってしまいたくなる挫折だってあります。勢いを失わずに前へ進み続けるために、あなたならどうしますか？

ジェームズ・ショアは「組織を変えよう（つまらない仕事をしている人たちのために）」と題した感動的な講演で、自らの組織にアジャイルの手法を取り入れた経験を語りました（「Change Your Organization (For Peons)」[Lit03]参照）。私たちは「小さな楽しみを見つける」という彼のアドバイスを気に入っています。

> 「組織変革のほとんどは、みなさんがコントロールできる範囲外にあります。現場では、毎日できて、満足感が得られる、小さな楽しみを見つけてください」

物事の進みが遅くても不安に思わないでください。毎日小さな一歩を進めましょう。ジェームズは、最初のうちは働き方を変えられなくても、少しずつ考え方を変えられるようになることを発見しました。チームに起きたこの精神的な変化は目に見えるものではないため、何も進んでいないかのように思えます。したがって、アジャイルを導入する前に、そのことを説明する手順が必要です。彼の組織でもそのようにしていました。

泣き言を言える相手

by レイチェル

アジャイルコーチとしてはじめて大きな仕事をしたとき、私はチームをアジャイルに移行させる大勢の外部アジャイルコーチのひとりでした。そこは厳しい環境でした。それまで私が一緒に働いていたのは、アジャイルであることが大好きで積極的な開発者たちでした。ですが、そのチームはあまり乗り気ではありませんでした。それには理由がありました。変化を急かされており、それを快く思っていなかったのです。

そうした抵抗はあったものの、コーチがお互いに連携して動いていたことが救いでした。そこにはロンドンの「Extreme Tuesday Club」*5の知り合いが数多くいたのです。私のチームで問題が生じたら、他のコーチのところにヒントを求めていました。すでに同様の問題を解決しているかもしれないからです。それによって私の時間も節約されます。同様

＊5　Extreme Tuesday Clubは、1999年から毎週火曜日にロンドンのパブに集まっているアジャイルユーザーグループで、レイチェルとリズが出会ったところでもあります。http://www.xpdeveloper.net/

の問題が生じていないにしても、お互いのメモを比較したり、チームと話をしたりすれば、何かの役に立ちます。苦しくなったときには、誰かと慰め合ったり、お茶をしたりといったことも役に立つでしょう。

組織の内外でつながれるコーチを探して、自分のちょっとした支援組織を作ってみるといいでしょう。

行き詰まったときには、知人のコーチが同じ状況に直面したらどうするだろうかと考えるのも有効です。他のアジャイルコーチと一緒に働く機会を探しましょう。そうすれば、コーチングスタイルの違いにも気づくでしょう。他の人が問題にどう対処するかを観察し、自分のコーチングのレパートリーを増やすのです。そのまま真似をするのは不安でしょうから、その技を取り込んで自分のものにする方法を考えてください。

コーチに慣れる

アジャイルコーチになり、私たちは積極的に仕事を片づけることからアドバイスをする立場に変わりましたが、慣れるまでに時間がかかりました。はじめのうちは、自分で直接手を動かすことを減らし、指示を出すのでなくチームに決めさせるようにすることに違和感を抱くかもしれません。

リンダ・ヒルは『Becoming a Manager』[Hil]において、新任1年目のマネージャー19人を1年間追跡し、役割を転換することがいかに難しいかを書いています。テックリードやプロジェクトマネージャーからアジャイルコーチになった人は、仕事上の古い自分を捨てて、新しい自分になるまでに時間がかかるでしょう。人生の多くは、仕事や自分のあり方を中心に回っているので、肩書きを変えることはすべてに影響してきます。

「プレイングコーチ」として、少しずつ立場を変えていくほうが、あなたの好みかもしれません。チームプレーヤーとしてチームで働きながらコーチ役を担当したほうが、チームの働き方の問題を直接経験できるという点で、外部から観察するだけよりも有利でしょう。直接体験した上で問題と認識していることがチームに伝われば、仲間としてリスペクトしてもらえます。

ただし、プロジェクト作業に深く関わりすぎてしまうと、チームをコーチする時間を作るのが難しくなります。現場でプレーヤーを兼ねるのでなく、第三者的な立場でコーチの役割を担当したほうが、プロセスやチームワークの改善に集中できます。全体像が見やすくなるので、チームの全体最適化を支援するにはコーチの立場のほうが適しているでしょう。

それでは、アジャイルコーチとして自分がどれだけやれているかは、どうすればわかるのでしょうか？

- ふりかえってみて、チームは1か月前よりもアジャイルになりましたか？
- チームにいい影響を与えられましたか？
- コラム「エクササイズ：コーチングを始める前の質問」の回答を見直してみましょう。

リズの言葉
チームの功績を認めて

アジャイルコーチとしての働きを認められるなんてことは、期待しちゃダメ。コーチというのは直接価値を提供しているわけではなく、あくまでもサポート役なのだから。

いいコーチはチームの功績を認めるものよ。たとえば、フランクと一緒に何かアイデアを実現したとしましょう。成功したなら、それはフランクのアイデア。失敗したなら、2人で慰め合いなさい。

あなたが過去に説明したことにもとづいて、メンバーがアドバイスしているのを耳にするようになれば、チームがあなたのコーチングを吸収しているサインです。コーチングの喜びとは、意図的にアジャイルにしようとしなくても、チームが自分たちで目標を達成している様子を目にすることです。チームが退屈そうに仕事をするのではなく、活気づいて盛り上がり、みんなで一丸となって仕事に取り組んでいる様子を目にしたいものです。

立ち去る

キュウリを漬けたまま瓶詰めにしておいたらどうなりますか？ ピクルスになりますよね？ あなたの意思とは関係なく、キュウリは漬かってしまいます。『コンサルタントの秘密』[Wei85]でジェラルド・ワインバーグは、「漬け込まれてしまう」ことに対して警鐘を鳴らしています。同じチーム（や会社）に何か月もとどまれば、新鮮なものの見方を失う可能性があります。かつては目に飛び込んできていたような問題に気づけなくなるのです。そして、社内の他の人たちと同じマインドセットを受け入れ始め、いつの間にかこう言うようになるでしょう。

「ここではみんなそうやってるから」

漬け込まれてしまうことを危惧するのなら、チームの進め方やあなたが直面している課題について、第三者に話してみるといいでしょう。説明をしていけば、進め

方の問題点や、隠れた思い込みや、部屋にいる象＊6に、（再び）気づくことができるようになるかもしれません。

チームの雰囲気がよくなったときに、あなたのコーチとしての仕事は終わっています。チームが自分たちでコーチングできるようになったら、あなたに答えを求めてしまう依存性をあなたが断ち切らなければいけません。さあ、立ち去るときが来たのです！

1.6　苦難

あなたがこれから遭遇する可能性のある苦難を紹介します。

コーチする時間がない

プロジェクトの仕事で目いっぱいになっているにもかかわらず、あなたにしかできない仕事があり、みんながあなたに頼りきり……。そんな状況では、あなたにコーチ役を務める余力は残されていないでしょう。ですが、コーチになりたいという思いを諦める必要はありません。周囲に頼られる立場から抜け出すための計画を立てましょう。仕事のペースを落として、あなたにしかできない作業のやり方をみんなに教えてあげるのです。

あるいは、アジャイルの経験が積める可能性のあるチームに移動することも検討しましょう。とはいえ、ストレスの原因が、仕事を抱えすぎてしまうというあなた自身にあるのなら、一度手を止めて、現在の状況をさまざまな角度から眺めてみましょう。

経験がない

これまで経験したことのない問題に出会ったら、知ったかぶりして適当なことを言うのではなく、経験がないことを隠さずに伝えましょう。たとえば、小規模なプロジェクトの経験ならたくさんあっても、大規模分散アジャイルプロジェクトの経験はないかもしれません。あるいは、しばらくプログラミングから遠ざかっているのに、チームが支援してほしいのはテストの自動化ということもあるでしょう。

アジャイルコーチはすべての答えを持っている必要はありません。むしろ持っていないほうがいいこともあります。専門家ではないからこそ、第三者的な立場でいることができ、問題を外側から眺めることができるのです。

チームが課題に対応しているのを外側から支援しましょう。議論のファシリテーションをしたり、組織内外の他のチームがどんなことをやっているかを調べたりするといいでしょう。たとえば、アジャイルカンファレンスでの事例発表が参考になるはずです。アジャイルユーザーグループもお勧めです。他のチームが何をやって

＊6　訳注：誰もが見て見ぬふりをしている問題のこと。第13章の「部屋にいる象を紹介しましょう」を参照してください。

いるのかがわかります。そして、チームに専門家の助けが必要だと思ったら、課題を解決できるように指導してくれる専門家を呼ぶことを検討するのです。

妨害するものがある

チームがアジャイルになることを何かが妨害している、という光景を何度も見てきました。チームのコーチをする前に、これらに対処しておくことをお勧めします。きちんと対処しておかなければ、関係者全員にとって苦い経験になるでしょうし、そもそも始め方がまずかったにもかかわらず、アジャイルそのものを失敗の言い訳にする人が出てくるからです。

妨害しているのは、技術的なこともあれば、組織的なこともあります。たとえば、ソース管理をしていないチームは、ソフトウェアの変更を見失うリスクがあります。こうした開発の初歩的なお作法を導入しないことには、アジャイルのプラクティスを始めることはできません。

会社が組織再編の途中であれば、アジャイルになることよりも、自分の職を維持することで頭がいっぱいです。こうした状態では、コーチングは避けたほうがいいでしょう。というのも、チームにプレッシャーをかけても伝わりませんし、あなたの時間がムダになるだけだからです。

1.7　チェックリスト

- アジャイルについて説明する練習をしましょう。説明を聞きたい人が相手なら誰でも構いません。あなたのアジャイルの売り文句を洗練させるには、アジャイルユーザーグループはもってこいの場所です。
- 下準備をしながら、チームにどのように紹介してもらうのが一番いいかを考えましょう。
- アジャイルの原則を自分自身に当てはめる方法を見つけましょう。たとえば、反復的に仕事を進めたり、メールで質問を投げる代わりに、面と向かって話をしたりしましょう。
- あなたのコーチングにPrOpERサイクルを適用しましょう。課題から始め、少なくとも3つの選択肢を考えておいて、選んだ1つを実験してみて、その成果をレビューするのです。
- 立ち止まってゆっくりと考え、失敗から学びましょう。また、チームにもその余地を与えましょう。
- 社内外の他のアジャイルコーチから学ぶ機会を探しましょう。
- 同じ組織で長く働いているなら、あなたはすでに漬かっています。チームが効果的なアジャイルプロセスを回していれば、立ち去るべきときだと考えましょう。

みんなの言葉に耳を傾けよ。
　——指導原則

第 2 章

みんなと一緒に働く
Working with People

　アジャイルチームの改善を支援するには、チームのメンバーと一緒に働く必要があります。彼らがどのように働くのか、なぜ働くのかを熟知している専門家は、実は彼ら自身です。彼らの専門分野に立ち入り、何が進展を妨げているのかを明らかにしましょう。個別に心配事や考えを聞かせてもらい、改善の支援に関する知見を手に入れましょう。こちらからもフィードバックを伝え、改善できる点を認識してもらいましょう。

　アジャイルでは、チームはこれまでの経験以上に密接なコラボレーションを要求されます。チームが密接に働けば、当然ですが、意見の対立が発生します。お互いの違いを探り、みんなで共存できるソリューションを探せるように、チームをうまくコーチしましょう。

　本章では、チームで一緒に働くためのスキルを紹介します。まずは、人の話を聞く技術と的確なフィードバックの伝え方から始めましょう。次に、対立を解消して、チームの合意を形成するための技法を紹介します。

2.1　傾聴

　ある男が病院へ行って、こう言いました。

　　「先生、腕を上げると痛むんです」

すると、医者はこう言いました。

　　「では、腕を上げないようにしてください」

あまりおもしろいジョークではありませんが、数ある医者に関するジョークには

共通のテーマがあります。医者は患者の話をきちんと聞いておらず、問題解決の役に立たないというものです。コーチとしては、これと同じワナにはまりたくはないものです。

コーチは人の話に耳を傾けます。チームの課題や苦痛を聞き取ります。これから育っていくアイデアの芽に耳を澄まします。敬意を持って耳を傾ければ、話し手を大切にしていることが伝わります。そうすれば、こちらの話にも耳を傾けてもらえるようになります。あいづちを打つなどして、きちんと話を聞いていることを示しましょう。

はい、聞いています

傾聴はインタラクティブなプロセスです。無表情で話を聞いていると、話し手は相手が本当に聞いているかどうかがわかりません。きちんと話を聞いており、もっと話を聞きたいという意図を示す何らかのシグナルを提示すべきです。

話し手を安心させ、心を開いて気持ちよく話を聞かせてもらうためのヒントを紹介しましょう。

空白の時間を作る
　話に割り込んだり、自分の話をしたりしてはいけません。会話が途切れたとしても、空白の時間を埋めようとしてはいけません。

心を開く
　リラックスしたオープンな表情にしましょう。しかめっ面をすると話し手を評価しようとしていると思われ、にやけ顔をすると話を真剣に聞いていないと思われてしまいます。

興味を示す
　目をうまく使いましょう。話し手の顔を見て、何度もアイコンタクトしましょう（じろじろ見てはいけません）。そうやって、興味を持って話を聞いていることを伝えるのです。

理解を示す
　話を理解していることがわかるように、きちんとうなずきましょう。「あー」「おー」「なるほど」などと、実際に声に出すのもいいでしょう。

傾聴は学習できるスキルです。まずは、すべての意識を話し手に向けましょう。手を止めて、きちんと顔を向けましょう。相手が話しづらそうであれば、チームのワークスペースから離れて、落ち着いて話せる静かな場所や、外のコーヒーショップに連れ出しましょう。立ち聞きされることもなく、注意をそらすものもないので、会話がしやすくなります。

腕時計を気にしたり、携帯電話を見たりせずに、すべての注意を相手に向けましょう。そして、コラム「はい、聞いています」のヒントに従い、きちんと話を聞いていることを伝えましょう。

傾聴で最も難しいのは、すぐにアドバイスを伝えようとしたり、似たような話を思い出して、その話に切り替えたりすることです。アドバイスを伝える前に、相手の話を聞きましょう。そして、言葉だけで判断せずに、その裏側にある感情やニーズを理解するようにしましょう。

> アドバイスを伝える前に、
> 相手の話を聞きましょう。

たとえば、クリスが「ニコラが私の設計を無視する」と言ったとしましょう。これは、ニコラが設計を無視することに対して、クリスが意見を持っていると解釈できます。他にも解釈の仕方はあるかもしれませんが、まずは心に留めておきましょう。事実を確認する前に、クリスの話をきちんと聞く時間を作りましょう。会話の途中で、聞いた内容を別の表現に言い換えてみましょう。話をきちんと理解できているかを確認するためです。

> 「聞いた話をまとめると、あなたが設計を渡したけれど、何かの理由でニコラがそれを実装しなかった、ということですね」

会話の進み具合を考えながら質問をして、話を明確にしましょう。いずれか一方を支持してはいけません。質問は慎重に選びましょう。相手の行動に対して異議や批判を唱えたいわけではなく、

> 話を明確にする質問を
> しましょう。

話を明確にしたいことを明らかにしましょう。たとえば、「ニコラが設計どおりに実装していないことにいつ気づきましたか?」「このことについて、ニコラと直接話してみましたか?」などと聞いてみるといいでしょう。

行間を読む

人が話すスピードは、あなたの頭の回転よりもずっとゆっくりです。話し手にすべての注意を向けるのが難しいのはそのためです。心のなかで次に何を言うべきかを考えてはいけません。それでは相手に向けた注意がそれてしまいます。次に何を言うべきかを考えるのではなく、全体の状況を把握しましょう。

話し手に集中しましょう。どのような話し方でしょうか。どうして話そうとしているのでしょうか。可能性のある理由を考えてみてください。

- 相手は、支持の獲得、善意の協力、恩返しをしようと思っていますか?

- 相手は、共感、アドバイス、情報を求めていますか？
- 相手は、問題解決に対する協力を求めていますか？

ボディーランゲージや声の調子など、ノンバーバルな手がかりにも気を配りましょう。

- 相手は、動揺、激怒、興奮していますか？
- 相手は、気まずそうに話をしていますか？ それともリラックスしていますか？
- 相手は、いつもと違った様子ですか？

アイコンタクトが少ないからといって、隠しごとをしているのではないかと勘ぐってはいけません。何かを思い出そうとしているときや、居心地の悪いときにも、人は視線をそらそうとするものです。

相手の立場になって考えましょう。その状況をどのように感じているでしょうか。想像してみましょう。相手の言葉を要約してみるのもいいでしょう。たとえば、このように言ってみるのです。

　　「クリス、あなたはイライラしていますね。週末まで働いて設計を完成させたのに、それがまったく使われなかったわけですから」

こうすれば、話を聞いていることが相手に伝わりますし、たとえ間違っていたとしても、相手に修正する機会を提供できます。それによって、もっと話を聞くことができるのです。

信頼関係を維持する

会話が終わったら、聞いた内容の重要なところをまとめます。そして、話し手に確認してもらいましょう。ニーズを理解できましたか？

相手には情報を提供する何らかの理由があったはずです。あなたがきちんと話を聞かなければ、二度と話してくれないでしょう。問題が明らかになったら、具体的なアクションに移す前に、さらに詳しい調査が必要です。すぐに解決を約束しようとは思わないでください。

最後に、信頼関係を維持するために、信用を失わないことが大切です。相手は、話した内容を秘密にしておきたいのでしょうか。それとも懸念点をチームと共有したいのでしょうか。共有するのであれば、どのように共有すればいいでしょうか。そのことをきちんと確認しておきましょう。

バックグラウンドで傾聴する

1対1の会話の他に、チームの会話を耳にすることもあるでしょう。その場合もほとんど同じルールが当てはまります。ミーティングのファシリテーションをするときは、すべての話し手に注意を払いましょう。話を明確にする質問をする前に、話を最後まで聞きましょう。聞いたことを理解できているかを確認し、ミーティングに参加している他の人にも明確になるように、別の言葉に言い換えてみるのもいいでしょう。

リズの言葉
ペンの力を乱用しちゃダメ

ミーティングの内容をホワイトボードに書き留めることがあると思うけど、聞いた内容を勝手にフィルタリングしないように注意して。自分が賛成できるものだけでなく、発言されたすべての要点を書き留めるようにすること。話を聞いてもらえていないと思われたら、それ以上議論に参加してもらえなくなっちゃうわよ。

ただ、つまらないコメントはフィルタリングしなきゃね。その場合も、話し手が使った言葉で書き留めて。勝手に言葉を作って、言ったことにするのはダメ。要点を正確に書き留められたか、きちんと確認してね。

ミーティングの運営者ではなく参加者でいるときは、みんなが使っている言葉を注意深く聞き、チームのボディーランゲージを観察しましょう。「リリースのドキュメントを書く必要がないからアジャイルだ」といった誤解している発言を耳にしたときは、ミーティングを中断して（個別に指摘するのではなく）グループ全体の理解を確認するか、ミーティングが終わってから問題点を指摘しましょう。使われた言葉をノートに記録しておくと、あとで忘れずにフォローできるので便利です。

ミーティング以外でも、チームの会話に耳を傾けるようにしましょう。健全なチームは、いつも会話をしています。チームメンバーが協力してソフトウェアを一緒に作っているからです。静かなチームは、チームとして動けていないのかもしれません。

チームに耳を傾けると、チームの健全性や取り組んでいる課題がわかります。注意深く話を聞けば、チームの関心事に注意を払っていることや支援の意思があることがチームに伝わります。そうすれば、チームにフィードバックを伝えやすくなり、影響を及ぼしやすくなるでしょう。

2.2 フィードバックを伝える

　チームや個人の振る舞いがうまくいっていないときは、何を変える必要があるかを伝えたいと思うでしょう。ですが、そうしたメッセージをうまく伝えるのは難しいものです。たとえば、チームメンバーのひとりが失礼な態度を取っているとき、どうすればチームに関心を持ってもらえるでしょうか？　チームにフィードバックを伝える方法を見ていきましょう。

　フィードバックの伝え方の最初の一歩は、基本情報（あなたが見たことや聞いたこと）と状況の判断や印象を区別することです。自分の視点から得られたデータについて話しましょう。そして、自分なりの解釈よりも、実際に見たことや聞いたことを具体的に伝えましょう。こうした情報をすぐに伝えれば、当事者はそのときのことや理由を思い出しやすくなります。たとえば「ニコラ、昨日の話だけど、電話に出るためにミーティングを途中退出したでしょう」と、まずは観察したことを述べます。続いて、そのときの状況の判断や印象を伝えるのです。「クリスのデザインレビューを聞き逃していたから心配しているのよ」。

　今度は相手が話す番です。相手の立場からきちんと話を聞きましょう。おそらくあなたの知らない理由があったのでしょう。子どもが病気になり、預け先から電話がかかってきたのかもしれません。以前のプロジェクトチームから緊急要請があったのかもしれません。デザインレビューを聞き逃していたことを知らなかったのかもしれません。ミーティングのあとで、クリスからすでに説明を受けているのかもしれません。

　まだ改善の余地があると思うのであれば、今後同じ状況になったときに対処できるように、何らかの提案をしておきましょう。いいアイデアがあれば、相手からも逆に提案してもらいましょう。その後、それぞれの選択肢の賛否について話し合いましょう。たとえば、顧客が準備をせずに計画ミーティングに参加することが多く、チームの時間がムダになっているとします。その場合は、ミーティングを急いでやらずに、間隔をあけてみることを提案するといいでしょう。あるいは、顧客の準備時間に合わせることを提案してもいいでしょう。顧客とチームリーダーが協力して、計画の準備をしても構いません。

レイチェルの言葉
うまくやっているところを見つけてあげて

　チームがテスト駆動開発などの新しいスキルを学習しているときに、正しい方向に進んでいるかどうかに自信が持てないようなら、チームを励ましてあげて。ポジティブなフィードバックを与えて、チームがすでにうまくできていることを伝えるのよ。

　誰かがうまくやっているところを見つけるということは、フィードバックを与えるあなた自身にも影響があるの。おそらく気づいていないでしょうけど、人間は世界をカテゴリで認識するものよ。つまり、他人の行動だけを見て、その人を判断しているの。リンダ・ライジングがAgile 2008カンファレンスの講演「Who Do You Trust?（誰が信頼できる？）」で言っていたけど、誰かがうまくやっているのを見つけたときは、その人を「敗者」ではなく「勝者」に分類するんですって。そうすれば、その人の行動のいいところばかりが目につくようになるはずよ。

　それじゃあ、うまくできない人はどうすればいいと思う？　目についたからといって、何か言わなきゃいけないということはないの。私は批判したくなったときは、必死に押し黙るようにしているわ。

　ポジティブなフィードバックを伝えたいときは、評価を与えるような表現を使う必要はありません。「非常に素晴らしい！」ではなく、もっと軽い表現のほうがうまくいくでしょう。あな

> 見たことや聞いたことを
> 具体的に伝えましょう。

たは、チームがやっていること、それがよい結果につながっていることに気づいているはずです。そのことをチームに知ってもらいましょう。たとえば、「マイク、あれからビルドがすごく速くなったね。この前、ジュールズがテストを壊したことがあったけど、数分後に警告が来るようになったから、次の作業を開始するまでに問題を解決できたみたいよ」と言ってみるのです。

　すぐにフィードバックを伝えれば、何をすべきかを教えなくても、チームは自分たちでプロセスを改善できるようになります。プロセスの改善がうまくいけば、みんなで協力する方法をふりかえる機会が増え、お互いのフィードバックを受け入れやすくなります。

　求められていないフィードバックを伝えたくなることもありますが、慎重に行動しましょう。フィードバックを受ける側からすれば、おせっかいな人に批判されていると感じるかもしれません。言葉を選ばずにいきなりフィードバックを伝えると、相手は困惑するでしょう。それではうまくメッセージが伝わりませんし、疎外感を与えてしまいます。落ち着いて、フィードバックを伝える許可を求めるところから

26 第2章 みんなと一緒に働く

始めましょう。それが終われば、あとはこれまでの手順と同じです。

2.3 対立を解消する

チームに対立が生じており、メンバーがお互いに一歩引いている状況に遭遇したことがあるかもしれません。意見の不一致が明らかになっていることもあれば、意見の不一致が存在するのにオープンに議論されておらず、事態が悪化していることもあります。チームに隠れた対立が存在すると気づいたときには、それぞれのメンバーの話を聞く時間を作りましょう。対立を明らかにする前に、その原因が理解できるはずです。

すぐに仲裁役を担当するのではなく、まずはチームだけで対立を解消できないかを考えましょう。対立が生じるたびに仲裁役を担当していたら、子ども同士のケンカを仲裁する親のように思われてしまうでしょう。メンバーはいつまで経ってもあなたに泣き言を言うようになるかもしれません。

仲裁役を担当するときは、立場的にどちらか一方を支持することはできないことを明言しましょう。両方から問題点を聞いて、あなたの言葉で言い換え、きちんと理解したことを示しましょう（あるいは、お互いの問題点を自分たちの言葉で言い換えてもらいましょう）。次に、問題から個人を切り離し、チームの文脈で捉え直しましょう。そして、あなたが目にした状況的要因を説明しましょう。たとえば、納期のプレッシャーが強くて、チームが遅くまで仕事をしていた、などです。関係する作用を見つけ出すために、影響図を描いてみるのもいいでしょう。

チームの対立を解消すれば、お互いに誤解しながら働くことがなくなります。ただし、意見の相違には健全なものもあります。チームの平和や調和を重視しすぎると、メンバーは現状に満足してしまいます。『Groupthink』[Jan82] は、チームは批判的な考えよりも、みんなの幸せや一体感を好むとしています。重要な意思決定をするときは、さまざまな選択肢を考慮してもらいましょう。チームの誰かに「悪魔の代弁者」になってもらい、予期される問題点を見逃さないようにしましょう。

非暴力コミュニケーション

マーシャル・ローゼンバーグは、『NVC 人と人との関係にいのちを吹き込む法』[Ros03] のなかで、対立を解消する有益なアプローチを伝えています。基本的な原則となるのは、他人の「感情」や「ニーズ」を聞き出すことです。相手の話をきちんと聞けば、信頼関係が生まれ、こちらの話を聞いてもらえるようになります。その4つの手順は以下になります。

- **観察**：あなたが（観察した内容）したときに、
- **感情**：（感情を推測）気持ちではなかったですか？

- **ニーズ**：それは（ニーズを推測）が必要だったからですか？
- **要求**：あなたは（私、彼、彼女、彼ら）に（具体的な行動）をしてほしいと思いますか？

　たとえば、「あなたがデザインレビューを途中退出したときに、イライラした気持ちではなかったですか？　それはロジャーに新しいデザインを説明する時間が必要だったからですか？　あなたはロジャーにアイデアを伝えるために、私にフォローアップミーティングを開催してほしいと思いますか？」のようになるでしょう。

2.4　合意を形成する

　新しいプラクティスを導入するときは、チーム全員の合意を得ているかを確認しましょう。変化を熱望しているメンバーもいるでしょうが、懐疑的なメンバーもいるはずです。こうした意見の違いを明らかにする「合意の段階」という手法があります。これは『Facilitator's Guide to Participatory Decision-Making』[KLT+96]から学んだ手法です。

　チームメンバーに「賛成」と「反対」のいずれかに投票してもらうのではなく、「賛成」から「反対」までの横線を引いて、自分の意思を示すところにチェックマークをつけてもらうのです。こうすれば、「全面的に賛成」と「条件つきで賛成」、「絶対に反対」と「どちらかといえば反対」を明確に区別できます。

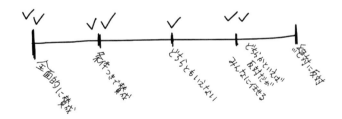

　意見が一致していないときに「合意の段階」を使えば、そのことをうまく見える化できます。意見の一致は重要です。みんなで合意しなければ、熱意を持って実行することなどできないからです。ですが、意見の一致を待たずに、先に物事を進めてしまうこともあるでしょう。たとえば、実験的に期限を決めて変化を導入し、次のふりかえりのときにチームに評価してもらうのです。しかし、明らかに否定的な意見が多ければ、チームのみんなが受け入れられるようなソリューションに挑戦すべきでしょう。

「合意の段階」を使う

by レイチェル

　私が「合意の段階」を使ったのは、チームのテストの取り組みに関するワークショップのときです。チームの開発者と一緒にペアプログラミングをした経験があったので、自動ユニットテストを書くことに対する熱意がないことはわかっていました。そのうちの数名の開発者は、コミットするたびに自動的にテストが実行されるように、CIサーバーをインストールしようとしていましたが、チームからの支持が得られないのではないかと、私は心配していました。開発者が実行できるテストはまだありませんでした。私は「合意の段階」の線を引いて、以下の選択肢を用意しました。そして、チームに投票してもらうことにしました。

　　A. 自動テストを毎日実行すべきである。
　　B. 自動テストをコミット前に手動で実行すべきである。
　　C. 自動テストをコミット後に自動で実行すべきである。

　チーム全員が、選択肢Aを強く支持しました。ですが、選択肢BとCについてはどちらともいえず、実施するだけの十分な支持を得られませんでした。そこで、考えられる懸念点について、みんなで話し合うことにしました。

　問題だと思われていたのは、自動テストの実行時間でした。ですが、選択肢Aについては、チームの意見はすでに一致しています。デイリービルドとテストルーティンを確立するために、チームで何をする必要があるのかについて、ミーティングの残りの時間で話し合いました。

　「合意の段階」を用いたことで、最も支持されている意見に集中してもらうことができました。また、使用する準備ができていないソフトウェアのインストールにムダな時間をかけずに済みました。この数か月後には、CIサーバーを使ったテストの自動化に着手することができました。

　この手法を使って、チームの合意レベルを確立しましょう。線を引くスペースがなければ、「指の本数 (*fist-to-five*)」で投票しましょう。グーが「絶対に反対」で、指の数で「賛成」のレベルを1〜5で示すのです。意見の不一致を明らかにできるのであれば、何を使っても構いません。ただし、真剣に本気でやりましょう。そして、背後にある懸念点を見つけ出しましょう。

リズの言葉
人を箱に入れちゃダメ

人をレベルやタイプに分類するモデルはたくさんあるわ。情報の伝え方を考えるときには、こうしたモデルが便利に使えるわね。まずは「ドレイファスモデル」から調べてみるといいわよ。これはアンディ・ハントが『リファクタリング・ウェットウェア』[Hun08]で紹介しているわ。

他にもこんなのがあるから調べてみては？

- MBTI（マイヤーズ—ブリッグズタイプ指標）[*1]
- トーマス—キルマン対立モード[*2]

だけど、1つのモデルに執着しないように注意してね。誰もが他の人とは違う、特別な人間なのよ。1つのモデルに当てはめていると、そのことを忘れてしまうの。複数のモデルを使えば、同じ振る舞いを複数の観点で見れるから、行動を評価するにはそのほうがいいわね。

2.5 苦難

あなたがこれから遭遇する可能性のある苦難を紹介します。

ミーティングで感情が爆発

意見の対立が原因となり、ミーティングの場で感情を爆発させた人がいたら、まずは休憩を挟みましょう。冷静になり、落ち着きを取り戻すための時間を作るのです。ミーティングを再開する前に、その人に話しかけて、何がきっかけになったのかを理解するようにしましょう。ミーティングを継続すると決めたら、何事もなかったかのように装うのはやめましょう。感情が高ぶっていることを認め、このままミーティングを進めるか、先に原因を解消すべきかをチームに確認しましょう。

対人関係のスキル不足

ひとりで働くのが好きで、他人とやり取りをするのが苦手だからという理由から、ソフトウェア開発の仕事を選んでいる人がよくいます。コミュニケーションが苦手という人には気をつけましょう。率直に表現しなければわからない人もいますし、

[*1] http://www.myersbriggs.org/
[*2] http://www.kilmanndiagnostics.com/

婉曲的な表現を好む人もいます。

文化の違い

　文化によって、「正しい」とされる礼儀は違います。たとえば、リズはニュージーランドの出身ですが、彼女の表現はイギリス人には直接的すぎると感じるようです。「yes」が「話を聞いている」を意味する文化もあれば、「やり方を知っている」を意味する文化もあります。実力主義を好む文化もあれば、明確な階層組織を好む文化もあります（なお、実力主義のほうがアジャイルチームに適していると言われています）。

　文化の違いに順応できるように、チームを支援しましょう。文化の違いとは、あいまいさや個人主義に対する許容度の違いを指します。たとえば、ヘールト・ホフステードの多文化世界に関する著作[3]をチームと一緒に読んでみるといいでしょう。

2.6　チェックリスト

- チームが直面している課題を理解して、信頼関係を築けるように、傾聴を練習しましょう。すべての注意を話し手に向けて、話を明確にする質問を投げかけ、内容を理解できているかを確認しましょう。
- フィードバックを伝えるときは、見たことや聞いたことと、状況から感じたことを区別しましょう。一般的なコメントよりも、具体的な気づきを伝えましょう。あなたの見たことや聞いたことを伝えてから、相手に説明を求めましょう。次回また同じ状況になったときの対応策について、みんなで協力してアイデアを出しましょう。
- 対立が起きたら、すべての立場の言い分を共有してもらいましょう。チームの代わりに対立を解消しようとしてはいけません。チームは自分たちで対処しようとせずに、常に仲裁役に頼るようになってしまいます。
- 「合意の段階」を使って、変化に対する賛成のレベルを明らかにしましょう。そうすれば、意見の不一致の度合いを把握できます。

＊3　http://www.geert-hofstede.com/

新しいやり方を知ることが改善の一歩。
　——指導原則

第 3 章

変化を導く
Leading Change

　これからあなたは、新しいアジャイルプラクティスを導入することもあれば、プロセスを微調整する手伝いをすることもあるでしょう。いずれにしても、チームが変化を起こせるように導く必要があります。これは、何が足りてないかを指摘するといった簡単なことだけではありません。人は情熱を傾ける前に、何が変化につながるかを理解しておく必要があるのです。

　どうすれば新しい可能性に気づいてもらえるでしょうか？ ゆっくりと始めましょう。急いでアクションにつなげずに、変化について考えてもらうのです。アジャイルのことを学ぶ機会を作りましょう。みんなに質問をして、アイデアを積み上げていくことで、変化について考えてもらうのです。

3.1　変化を導入する

　チームにアジャイルのテクニックを勧めてみましょう。すると、すぐに反対意見が出てくることでしょう。変化せざるを得ない理由があったとしても、リスクを不安に思うのは自然なことです。あなたからアジャイルになるのは安全だと保証してあげましょう。あなたが一緒に働いてきたアジャイルチームの話をしてあげて、どのような可能性があるかを理解してもらいましょう。

　あなたが「チームに変わる能力がある」と信頼していることを伝えましょう。成功を信じることが、はじめの一歩を踏み出す勇気を与えるのです。「もし〜なら」ではなく、「〜のときは」という話し方をしましょう。そして、あなたが支援を続けることをみんなに理解してもらいましょう。

レイチェルの言葉
アジャイルは宗教じゃないわ

　アジャイル信者にならないように気をつけて。まったくの逆効果だし、みんなに引かれるわよ。アジャイルを適用していない人たちを「悟りを開いていない愚か者」かのように扱うのは絶対ダメ！　これは失礼なことよ。そんな人が大声で言ってくる言葉なんて、誰も聞く気にならないわ。
　この新奇な原理がいかに有効かを理解してもらうために、あなたは架け橋を築くべきよ。懐疑派の人に協力してもらって、あなたの提案に穴がないか見てもらうことだってできるでしょ。

　チームに急速な変化を求めないようにしましょう。新しい考え方を飲み込むための時間を与えましょう。変化を実行に移す前に、チームにはよく話し合う時間が必要なのです。変化の影響について十分に考え、今やっていることをどのように調整すべきか理解する機会を作りましょう。

> **誰も話を聞いてくれない**
>
> 　リチャードは、チームにさまざまな素晴らしいプロセス改善を提案してきたシニア開発者です。ですが、その提案を人に説明することまで気が回る人ではありませんでした。彼の提案から数か月後に、チームがそれと同じものを実行に移すことがよくありました。彼は不満を口にしていました。
>
> 　「そんなのずっと前に言っただろ！　なんで誰も俺の言うことを聞かないんだ？」
>
> 　彼が認識していなかったのは、提案だけでは人は動かないということです。なぜ必要なのかを説明しながら手本を見せ、どうやって始めるべきかを示す必要があるのです。
> 　彼が見落としていたもうひとつのことは、チームが彼に耳を傾けていたということです。そのことは、最終的に彼の提案をチームが実行していたことからもわかります。チームが挑戦するためのサポートを確立するまでに、時間がかかっていただけなのです。

やり方を教える

　チームに変化を起こす必要があると説得するだけでは不十分です。どのように始めるかも示す必要があります。たとえば、不具合が減らせるからと、チームにユニットテストを書くように提案したとしましょう。全員がうなずき、同意してくれました。それなのに、誰もテストを書き始めません。ですが、驚く必要はありません。

この変化を実行に移すにあたり、彼らはサポートを必要としているのです。PrOpERサイクル(「1.4 コーチングの始め方」参照)を使って、この問題に取り組みましょう。

たとえば、このような選択肢があります。

チームを教育する
　　内部研修を実施しましょう。そうすれば、ユニットテストの書き方がわかるかもしれません。
やってみせる
　　開発者とペアになり、ユニットテストの書き方を教えてあげましょう。
見える化する
　　ユニットテストを毎日いくつ書くかをチームと合意します。そのゴールに向かってどれだけ進んでいるかをチームボードで追跡しましょう。

 レイチェルの言葉
素直になって

　今までに読んだことがあるコーチングのテクニックは「誘導的」と呼ばれるものだったわ。たとえば、わざと間違えて、一緒に働いている人に正してもらうとかね。私はその手の策略は好きじゃないの。自分が何をしているのかを明らかにしておくほうが好き。誰かに何かを促すときは、素直にこんなふうな言い方をすればいいのよ。
　「ストーリーテストをいくつか書いたわ。次はあなたの番よ」

問題を売り込む

あなたはコーチとして、多くの改善の機会を目にするでしょう。自分のアイデアを披露する前に、これから変化を進める問題を「売り込む」準備をしましょう。チームが変化を起こせなかった場合に、どのような結果が起きるのかを明確に説明しておくのです。たとえば、このようなことを言うといいでしょう。

　　「今からバグ修正が必要なコードが戻ってきます。これはリリースの遅延につながります。リリース日を守れないということは、顧客の期待を裏切るということです。すでに顧客は上司の方から、この仕事は別の外注に出すように言われているそうです。もし次のリリースがクラッシュして、すべての取引が失われるようなことになれば、私たちは大変なことになります」

過剰に誇張する必要はありません。打開できないほど難しい問題だと思わせたいわけではありません。変化を起こさないことがどうして問題なのかを、みんなにはっきりとわからせたいだけなのです。

裏づけとなる証拠を示すことができれば、相手に納得してもらいながら問題を売り込めます。上記の例であれば、バグ修正のためにコードが戻ってくる頻度をデータで示すことができれば、あなたの「予言」はもっと強力なものになるでしょう。ただし、チームの今の仕事のやり方を批判しないように注意する必要があります。コーチとして集中するのはプロセスの改善であり、個人のパフォーマンスではありません。

変化の当事者意識を作り上げる

問題の売り込みが終わったら、次は解決方法について考える時間です。チームメンバーには、アジャイルプロセスを活用したときの成果に目を向けてもらいましょう。変化を起こすことの「よい点」と「悪い点」について話し合い、共通の当事者意識を作り上げましょう。

あなたの選択肢を伝え、チームからもアイデアを共有してもらいましょう。チームはどのような働き方をしたいのでしょうか？ 今後のキャリアやプロダクトを改善する機会を見つけているでしょうか？ **自分の**アイデアであれば、最後までやり抜いてくれるものです。

抵抗勢力を利用する

デール・エメリーは「Resistance as a Resource」[Eme01] という素晴らしい記事を書いています。そのなかで彼は、遭遇しがちな抵抗とその対処法について触れています。

彼は「他人の反応を抵抗と考えるのはやめよう」と訴えています。そして、それぞれの反応を「情報」として捉え、そこから学べばいいと言っています。

誰かが反論したり、変えたくない理由を言い出したりしたときは、よく耳を傾けるのです。彼らの置かれている立場を理解しようと努めましょう。同意できるところはありますか？ 彼らの不安を認めましょう。変化には多くの時間やお金がかかり、そう簡単にはいかないものです。そのことを把握した上で、なぜあなたがそれをいいアイデアだと思っているのか、なぜ費用より利益のほうが上回ると思っているのかを説明しましょう。たとえば、「チェックインの前にコードをリファクタリングすれば、ユーザーストーリーの実装に時間がかかるようになりますが、そうしたほうが時間が経ってもコードの保守性が維持されるのです」といった感じです。

ふりかえりを導入すると、プロセスを改善する会話がチームのありふれた光景と

なります。チームにアジャイルを導入するときには、最初に**ふりかえり（レトロスペクティブ）**を導入することがあります。ふりかえりとは、チームが問題について話し合う開かれた場であり、数週間ごとに変化を追加できるものです（詳しくは、第13章「ふりかえりで変化を推進する」で説明します）。

変化を実験する

　抵抗にあったときは、「実験」をしたいと提案してみましょう。変化を実験として計画すれば、チームは変化の利点に目を向けやすくなります。実験の成否を評価する方法について、みんなで話し合う必要があるからです。改善を計測できれば、チームは変化を継続させる理由を手に入れます。

　あなたに秘密を教えてあげましょう。チームが思い切って「実験」という名の変化に挑戦すれば、チームメンバーは新しい働き方に慣れていきます。そうなれば、元々の仕事のやり方に戻すような変化に抵抗するようになります。また、次の変化に対する抵抗が少なくなります。まずは、小さな変化をいくつか導入してみましょう。ワークスペースを再設計するとか、定期的なチームランチを取り入れるとかで構いません。そうすれば、チームはもっと大きな変化に慣れるでしょう。

リズの言葉
戦いは選びましょう

　問題も改善の機会もたくさん目撃できると理想的よ。だけど、目につく問題をすべてあげていたら、よくない印象を与えちゃうわ。そうなれば、誰もあなたの話を聞かなくなるでしょうね。

　あなたの先導についてきてもらえるように、周囲に影響を与えましょう。ケント・ベックも「Extreme Leadership」[Bec00]で、このように言っているわ。

> 「小さな変化から始めること。今はひとつのことをやり、他のことはあとでやればいい」

　チームと一緒に取り組む問題をひとつだけ選んで、それを全力で解決するのよ。

3.2　質問する

　変化のことをチームに考えてもらう方法として「質問する」もあります。誰かに質問するときは、相手の意見を尊重し、その答えに興味を持っているという態度を取

りましょう。質問の答えを考えるときには、頭を使う必要があります。そのときに相手は、あなたのチームの改善の旅に参加してくれるのです。考えさせるような質問ができれば、チームはあなたの会話に参加して、アクションを実行してくれるようになるでしょう。

効果的な質問をいくつか紹介します。

- 同じバグを発生させないためにはどうしたらいい？
- どうすればスケジュールどおりに出荷できる？
- どうすればもっと効率的に働ける？

自分の思い込みによって尻込みさせられてしまうことがよくあります。組織の仕組みや、できること／できないことについての思い込

思い込みを疑いましょう。

みを疑うような質問を投げかけましょう。たとえば「正しいことがわかっていながら、それができないのはなぜですか？」と質問してみましょう。「マネージャーにダメだと言われるから」といった答えが返ってきたら「それはどのマネージャーですか？」「どうしてそう思うんですか？」といったように、もう少し深掘りしてみましょう。確かめてもいないことを思い込んでいるだけだ、ということをわからせてあげましょう。

規則は絶対？

by レイチェル

会社の方針を理由にして、変化しようとしないチームがあります。その方針が規則なのかどうかを確認しましょう。

私が一緒に働いていたあるチームの会社には、別のオフィスで働くプロセス改善グループがいました。プロセス改善グループは、イントラネットでドキュメントテンプレートを配布していました。チームはそのテンプレートを使わなければいけないと信じていて、ユーザーストーリーを書くことはできないと主張しました。

私はプロセス改善グループに電話して、そのテンプレートを使うのは義務なのかと尋ねました。驚いたことに彼らの答えは、他のプロジェクトのドキュメントをベースに作られたサンプルとして、単に配布しているだけというものでした。

つまり、テンプレートを使う必要なんてなかったわけ！

どのように質問すべきでしょうか？ 答えが「はい」「いいえ」や、基本的な情報になるような「クローズドクエスチョン」を使ってはいけません。会話を広げ、深く意見を言ってもらえるように、

「オープンクエスチョン」を使いましょう。

「どうやって？」「それからどうなるの？」のような「オープンクエスチョン」を使いましょう。

「なぜ？」と聞くときは注意が必要です。あなたにそのつもりがなくても、非難しているように聞こえることがあるからです。たとえば「なぜそんなことをしたの？」と言うと、相手を責めているように聞こえます。「何をしようとしたの？」のほうが優しく聞こえるでしょう。「なぜ？」の質問は、解決策よりも問題のほうに意識を向けてしまいがちです。すでに起きたことについて長々と話すよりも、これから改善するために何が必要かをしっかりと見つめることのほうが、よほど実用的でしょう。

相手の答えに本心から興味があるときだけ、質問をするようにしてください。うなずいて同意を示せば、期待する答えを求めていたというニュアンスになります。これでは相手に偉そうな印象を与えてしまいます。期待する答えを求めているのなら、質問から会話を始めるのはやめましょう。

何を聞くべきか

質問にはいろいろな種類があります。いくつか使える質問を紹介しますので、ぜひやってみてください。

協力を求める

チームを変化に巻き込むには、協力してほしいと正面切って言うこともひとつの方法です。チームのミーティングでやることはないかもしれませんが、コーヒーを飲みながら1対1でなら普通にやっていることではないでしょうか。今起きている問題を説明し、チームに協力を求めましょう。アイデア、サポート、あるいはもっと実用的な何かを提供してくれると思います。たいていの人は喜んで手伝ってくれますし、頼まれたらうれしいと思うはずです。

考えさせる質問

問題について考えるのはチームである、ということを忘れないでください。あなたが考えるわけではありません。**考えさせる質問**をすることで、チームに考えてもらえるようにしましょう。

デイビッド・ロックは『Quiet Leadership: Six Steps to Transforming Performance at Work』[Roc06]のなかで、問題を抱えた人に対するコーチングで最も効果的なのは、**考える**（もしくはそれに準ずる言葉）を含む質問だと断言しています。

たとえば、以下のような質問です。

- いつからその問題を**考えて**いたの？
- どのぐらいの頻度でこれを**考えて**いるの？

- この問題についてもう十分**考えた**と満足してる？
- **考え**のズレや隔たりに見当をつけられる？
- どんな**気づき**がある？

　考えさせる質問は、意識を切り替え、戦略的なレベルで問題を考えられるように人を促します。考えさせる質問をすることで、チームは詳細から一歩離れ、異なる視点から問題を眺められるようになります。とはいえ、ストレスを感じていたり、感情的になっていたりするときはうまくいかないでしょう。考えがうまくまとまらず、問題から距離を置きたいと考えている可能性があるからです。そのことを覚えておいてください。

内省的な質問

　あとから、どんなことに気づいたかと質問してみましょう。チームのやり方について、もっと意識してもらうのです。たとえば、デイリースタンドアップの変化に気づいてもらいたいとします。その場合は、デイリースタンドアップのなかで気づいたことはないかと、あとで質問してみればいいのです。たとえば「今日のデイリースタンドアップのときに何か気づいた？」と聞くだけで構いません。もっと深掘りしたければ、「流れはどうだった？」「チームボードの前でタスクをアップデートした？」「昨日と比べて今日はどうだった？」と、続けて質問してもいいでしょう。

　観察結果を共有して、あなたがどんなところに注目したかを理解してもらいましょう。たとえば、こんな感じです。

> 　「今日は中断が少なかったので、以前より順調に見えたわ。ユアンが家から電話で参加したから、彼女と話すためにみんなで電話を回していたわよね。あれって、まるで話す順番を表すトークンみたいよね[*1]。彼女が戻ってきてからも、デイリースタンドアップでトークンを使ってみたらいいんじゃない？」

5回のなぜ

　「5回のなぜ」は、大野耐一[Ohn88]によって発明されたもので、チームと一緒に根本原因分析をするときに使える技法です。5回のなぜを適用するときは、事前にそのことを伝えましょう。解答に満足していないために同じ質問を繰り返しているのではなく、そういう技法を適用していることを説明するのです。

　まずは、表面的な問題について質問しましょう。それに対する答えが出たら、そ

＊1　訳注：トークンについては、第5章の「チームが流れをコントロールする」を参照してください。

の表面的な問題を引き起こした原因について、その原因は何か？ そのまた原因は何か？ と、深く探っていきます。5回の「なぜ？」が終わる頃には、根本的な問題にたどり着くはずです。おそらくそれはシステム的な問題でしょう。たとえば、顧客に非現実的な約束をしてしまったことや、チームの研修にお金を使ってこなかったことなどです。

「5回のなぜ」の例をあげましょう。

なぜ (1)

「なぜソフトウェアを昨日リリースできなかったんだろう？」

「それは、直っていない不具合がたくさんあったからだ」

なぜ (2)

「なぜそんなに直っていない不具合があったんだろう？」

「それは、テスターは不具合を見つけても、バグトラッキングシステムに登録するだけで開発者に伝えないからだ」

なぜ (3)

「なぜテスターは開発者に伝えないんだろう？」

「それは、開発者は他のことで忙しいからだ」

なぜ (4)

「なぜテスターと開発者は一緒に作業しないんだろう？」

「それは、テスターはこのチームだけでなく、他のチームの仕事もしているからだ」

あたり！

これがチームのリリースを遅らせているシステム的な問題です。そもそものやり方を変える必要がある問題です。チーム専任のテスターがいれば、バグはもっと早く発見され、迅速に修正され、スケジュールどおりにリリースできる見込みが立つでしょう。

なぜ (5)

「なぜテスターが足りていないんだろう？ もし足りていれば、全チームが専任のテスターを持てるのに」

「それは、テスターを雇うお金がないからだ」

チームが昨日リリースできなかった理由のひとつは、会社がテスターを雇うほどの価値があるとは思っていないことだと判明しました。

5回のなぜは効果的な技法です。しかし、チームに扱えないような問題まで明るみに出てしまいます。そしてそれは、組織のしかるべきレベルまでエスカレーションすべきものなのです。

質問してはいけないとき

　助言をしたいときには、質問をしないように気をつけましょう。質問をすれば、同意できない答えでも受け入れなければいけません。そうすると、本来伝えたかった助言をするのが難しくなってしまいます。たとえば「このバグをもっと早く見つけるにはどうしたらいい?」と質問して、「もっと手動テストをやる」が答えだった場合、自動テストの方向に進めることは難しくなります。答えを否定する感じになってしまうからです。

　これまで質問する一方だったならば、あなたは知っていることを教えない人だと思われていたかもしれません。誠実な人ではないと疑惑を抱かれれば、誰も心を開いてくれなくなるでしょう。そして、答えに関心がないので、あら探しをするために質問していると思われるでしょう。そのことを決して忘れないでください。関係ないのに首を突っ込むだけの人だと思われれば、誰も口を開いてはくれません。

操られているような感じ

by リズ

　　以前、バグを修正しないと決めた私の判断を快く思わないプロジェクトマネージャーがいました。不満を伝える代わりに、彼は「プロジェクトが成功すると思ってほしくないのかい?」と私に尋ねました。彼の含みのある質問に私は怒りました。私がそうした理由を理解しようともせず、彼の思うように私を動かそうとしたからです。単刀直入に「なぜバグを修正しなかったんだい?」と聞いてくれればよかったのに。

　信頼関係ができていないときは、質問はあまり役に立ちません。どんな質問をしても身構えて反応するでしょうし、正直な答えが返ってくるとも思えません。相手に安心してもらい、あなたが意見を大切にすることを理解してもらうまでは、決して質問をしてはいけません。百害あって一利なしです。その代わりに、率直に心を開き、アドバイスを与え、ラポール(信頼関係)を築けるように働き続けましょう。

3.3　学習を促す

　アジャイルプラクティスを導入する前に、チームはアジャイルについて学ぶ時間が必要です。学習の時間を計画に入れてもらいましょう。たとえば、テスト駆動開発などの新しいプラクティスを取り入れる場合は、実際に導入する前に、そのやり方を学ぶための時間が必要でしょう。

　アジャイルの考え方をチームに点滴で注入する必要はありません。チームにとってあなたがアジャイルの唯一の知識源となるよりも、チームに主体的に学習してもらいましょう。

学習の機会を作る

アジャイルプラクティスはいまだに進化しています。あなたもチームもその技に遅れずについていかなければいけません。アジャイルを学ぶにはいろいろな方法があります。さまざまな学習資源を人の目のつきやすいところに置いておきましょう。たとえば、Wiki ページを作って、本や記事やポッドキャストなどのお役立ちリンクを載せておきましょう。

他人にやってほしいと思う振る舞いを、あなた自身も身につけてください。あなたが学習しているところをチームに見せましょう。そして、新しく学習したことをチームに話しましょう。

勉強会

「勉強会」（『Fearless Change』[MR04] 参照）は、本のアイデアや内容について議論する少人数の集まりです。これは、定期的で非公式なミーティングです。5〜10人くらいで毎週やるとうまくいくでしょう。

お昼休み、業務終了後、会社の理解が得られ支援してくれるのであれば、業務時間中でも構いません。うまく時間を作り、チームと一緒にやってみましょう。各自が昼食を持ち寄ってもいいですし、マネージャーにサンドイッチやピザを買ってもらってもいいでしょう。ファシリテーターは毎週交代します。よくあるやり方は、誰かが担当する章について発表し、全体でそれについて議論するというものです。勉強会は小規模なので、誰かひとりが講義するよりも、全員で議論するほうがいいでしょう。

こうした勉強会がうまくいくのは、いくつかの理由があります。先生や専門家が話すわけではないので、全員が積極的に参加しやすく、自分たちなりの結論を出すことができるからです。ひとりで本を読むよりも、みんなで議論するほうが学びは大きいのです。

また、勉強会は情報を手に入れるためだけのものではありません。プラクティスを試すときのサポートにもなるのです。たとえば、勉強会でペアプログラミングについて議論したり、デプロイ自動化のためのスクリプトを書いたりすると、次は自分たちでやってみようという気になります。ひとりで本で勉強しなくても、勉強会のみんなに支えてもらえるということがわかるのです。

新しいアイデアを紹介するときは、同じ組織の人に経験談を話してもらうと効果的です。これは同僚が学んだことを披露する機会です。また、社内での名声が高まり、人前で話す練習をする機会にもなります。仕事場で話すことは、業界のカンファレンスで講演する足がかりにもなります。

Tech Talk

by リズ

　以前、仕事をしたことがある会社では「Tech Talk」をやっていて、このおかげで技術に強い会社になりました。Tech Talkでは、チームが技術的にやってきたことを全社に向けてプレゼンしていました。その後、少しずつ話題は広がっていき、営業部門の懸案事項の話、CEOのビジョンの話、優れたGUI設計の話など、さまざまな話が聞けるようになりました。

　専門家を呼んで講演をしてもらい、興味を引き起こすこともできます。あなたの街に有名な講演者が来る予定があれば、チームに声をかけてみるといいでしょう。人脈を広げることに関心を持っていて、喜んで一緒に行ってくれるかもしれません。終わってから飲みや食事に行こうと誘うのもいいでしょう。あるいは、地元のアジャイルユーザーグループの誰かに来てもらい、その人の組織でアジャイルがうまくいっている話をしてもらってもいいでしょう。

　勉強会や講演会に参加できるように、あなたからチームをサポートしてあげましょう。たとえば、企画する、会議室を予約する、参加者を募る、ゲスト講演者を招待する、ランチを注文する、などができるはずです。勉強会があることを事前に宣伝するだけでなく、当日にまたもう一度宣伝しましょう。講演会のある日は、特に念入りに宣伝しましょう。

学ぶために組織の外に出る

　チームが新しいアイデアに触れるには、カンファレンスに参加するのもよい機会です。カンファレンスとは、同じような問題を抱えた人たちが集まる場であり、お互いの経験を共有し、支え合う場です。ひとつの組織にずっといる人は、カンファレンスに参加することで、新しいやり方に触れることができるでしょう。

　カンファレンスに参加する費用の捻出方法を意識してもらいましょう。そのことを気づかせてあげるのもあなたの役割の一部だと考えてください。誰かがカンファレンスに参加したら、そこで学んだことを行けなかった人たちに共有してもらいましょう。これはカンファレンスに行く前にお願いするといいでしょう。そうすれば、チームに持ち帰るためのアイデアを探してくれるからです。

　地元のユーザーグループに助けを求めたり、そこで新しいアイデアを学んだりすることもできます。アジャイルグループの次のミーティングの開催日を教えるだけではなく、一緒に行こうと誘ってあげましょう。

3.4　ミーティングのファシリテーション

　チームが変化の挑戦を始めたら、急に困難な状況に追いやったり、苦しんでいる

のに放置したりしないようにしましょう。チームに新しいプラクティスを紹介するときは、どうやるのかを見せてあげましょう。

　ふりかえりや計画ミーティングなど、チームがはじめてのアジャイルミーティングを開催するときは、**ファシリテーション**することを申し出て、やり方を見せてあげましょう。ミーティングでは、自分がどんな動きをしているのかを説明してあげましょう。そうすれば、チームは学習し、自分たちでファシリテーションできるようになるはずです。次のミーティングでは、部屋の後ろで座っているだけにしましょう。ミーティングが逸脱してきたら割り込んでも構いませんが、コーチからのフィードバックはミーティングが終わるまで待ちましょう。

　実況解説をして、あなたの考える過程をチームに明らかにしましょう。たとえば、こんな言い方をするといいでしょう。

　「1時間もここにいるから息苦しくなってきたわね。いったん休憩を挟みましょう」

　「ダレン、今日はずいぶんたくさん意見があるみたいね。でも、アリソンはまだこのストーリーに対して意見を出していないわ。アリソン、何かつけ加えたいことはある？」

　ミーティングを効果的にするコツをいくつか教えましょう。

時を選ぶ

　　チーム全員が都合のいい時間にミーティングを開きましょう。準備が必要なら事前に通知しておきましょう。

場所を設定する

　　どんな場所がいいかを考えましょう。机が広すぎるような会議室は避けましょう。チームが離れて座ると、机の上のインデックスカードが見れないからです。それから、フリップチャートやホワイトボードなど、メモが書けるものも必要でしょう。

ミーティングに集中する

　　最初にミーティングの目的を伝え、アジェンダを提示しましょう。チームのワーキングアグリーメントやミーティングのグラウンドルールについて、再度喚起しましょう。

流れを止めない

　　ミーティングの最中は気を抜かないようにしてください。会話がずれていないか、生産的かを確認しましょう。「ファシリテーター」として振る舞うときは、参加者がミーティングしやすいようにしてあげましょう。たとえるなら、エンジンの潤滑油のような存在です。ミーティングを円滑に進め、有益なアウトプットを出すことに集中させてください。あなたが議論に積極的に参加していなければ、これは比較的簡単にできることでしょう。一歩引いて中立的な立場を心

がけましょう。あなたの意見を言う必要が出てきたら、ファシリテーターの役割を離れることが明確にわかるようにしてからにしてください。

全員参加を促す

全員の意見を聞くようにしましょう。つまり、同時に話す人は1人だけ、ということです。一般論を言っている人がいたら、具体的な例をあげてもらい、詳細を引き出すための明確な質問をしていきましょう。

要点をまとめる

ホワイトボードに要点を書き出す前に、聞いた言葉を繰り返して、要点を理解できているかを確認しましょう。

ミーティングを終了する

ミーティングを終了するときは、アウトプットが適切に記録されていることを確認しましょう。ホワイトボードのスケッチやミーティングのメモは、デジタルカメラなどで撮影するのが手っ取り早いでしょう。

次回から改善できるように、あなたのファシリテーションに対するフィードバックをもらいましょう。ミーティングの最後に参加者に提案を求めてもいいですし、誰かに頼んで運営方法を観察してもらい、終わってから改善点について議論してもいいでしょう。

3.5　苦難

あなたがこれから遭遇する可能性のある苦難を紹介します。

変わらない人がいる

新しもの好きな人がいます。最新のガジェットをすぐに手に入れるような人たちです。反対に、なかなか動かない人もいます。絶対に必要にならないと変化を受け入れない人たちです。こうしたラガード（遅滞者）を説得することにこだわらないでください。そういった人たちは、**自ら望んで**新しい仕事の仕方を受け入れようとはしません。そして、アジャイルが「新しい現状」となったときに、ようやく変わろうとするのです。

社内政治とぶつかる

変化を導入するときは、既存の力関係を脅かすものとして捉えられることがあります。社内政治とぶつかることになるのはそのためです。

仕事がたいしてできない人たちは、顕在化されやすいものです。また、プロジェクトマネージャーやアーキテクトのような人たちは、自分の仕事が脅かされると思うかもしれません。あとで対応が必要となる誤解が生じないように気をつけま

しょう。

　尊敬されているテックリードやマネージャーは、チームがもっとアジャイルになることの妨げになるかもしれません。彼らを必要以上に批判してしまうと、あなたの目的のためになりません。公の場で意見がぶつかれば、相手を傷つけ、メンツをつぶしかねません。相手の人となりを知るための時間を作りましょう。そうすれば、相手の視点を理解できるかもしれません。そして、サポートが得られるようにあなたの計画を知らせ、相手を味方に引き入れて、考え方を理解してもらえばいいのです。

　テックリードやマネージャーのような、権威のある人に近づきすぎないように注意することも必要です。上司に協力者がいるのであれば、必要以上にその人の肩を持ったり、その人の好き嫌いを反映したりしないようにしましょう。こうした人たちはすでにチームに対する権力を持っています。あなたがマネジメントからのスパイではなく、チームの役に立つためにそこにいるということを明らかにしましょう。

課題が不一致

　他の人から頼りにされていると、集中し続けることが難しくなります。たとえば、誰かが壁に何かを貼ることが許されないんだと不満を訴えてきたとします。あなたは、それが課題であることには同意するでしょうが、今すぐに解決すべき課題であるとは思わないかもしれません。

　人前では中立を心がけてください。その後、個人的に「戦いを選んでいる」と説明しましょう。これは、あなたが消極的だと悪い評判が立たないようにするためです。現在取り組んでいる課題を説明し、協力を求めましょう。

　その後、先ほどの変化を取り入れるための計画を一緒に立てるか、しばらくは参加できない戦いであることに同意してもらいましょう。

3.6　チェックリスト

- アジャイル信者にならないようにしながら、アジャイルに対する情熱を共有しましょう。アジャイルの話をして、アジャイルをやってみせて、アジャイルで他の人を手伝いましょう。チームを勇気づけ、元気づけて、アジャイルをうまく使ってもらいましょう。
- チームに問題を売り込みましょう。なぜ変わる必要があるのかを理解してもらいましょう。現状のままでいると、長期的にはどうなるでしょうか？　チームメンバーの一人ひとりとも話をしましょう。何かが変わることで、メンバーが個人的に得をすることは何でしょうか？
- 抵抗されたときは、相手が抵抗する理由を考えましょう。それはアイデアの問題？　説明の仕方が悪かった？　提案したアイデアに懸念点でもあった？　相

手が心配している点について、ちゃんと話を聞いていますか？

- チームに質問を投げかけて、一緒にアジャイルプロセスを改善してもらいましょう。支援してほしいと協力を求めましょう。考えさせる質問をして、深く考えてもらいましょう。5回のなぜを使い、根本原因分析をしましょう。

- アジャイルを学習するために、さまざまな方法を試してもらいましょう。たとえば、職場に本を置いたり、自分が読んだブログを共有したり、ポッドキャストを教えたりするといいでしょう。講演会や勉強会を開催し、組織内の他のチームにも参加してもらいましょう。これから行われるアジャイルイベントの開催を知らせ、地元のアジャイルユーザーグループにみんなを連れて行きましょう。

- 新しいミーティングを開催するときは、初回はファシリテーターを担当し、チームがやりやすいようにしましょう。実況解説をしながら、ミーティングの進め方の考えを聞いてもらいましょう。次回からチームに準備してもらい、あとでフィードバックを伝えましょう。

ベストを尽くすには、安心感が必要である。
——指導原則

第 4 章

アジャイルチームを作る
Building an Agile Team

　親密なアジャイルチームと一緒に働くのは刺激的です。ですが、親密なチームは即席にできるものではありません。チームの結束には時間がかかります。チームでうまく協力できなければ、イライラするものです。開発しているソフトウェアにも、そうした気持ちが反映されてしまいます。

　チームワークが発生する条件を整えれば、チームの結束を強めることを支援できます。まずは、お互いを知る時間を作りましょう。チームがうまく一緒に働ける環境にいられるように、ワークスペースを改善しましょう。プロジェクトがどこに向かっているかについて、チームに共通の意識が生まれるような方法を探しましょう。

4.1　チームの結束を強める

　優秀なチームは潤滑油を差した機械のように動いています。ですが、もっと注意深く見てみると、機械のように決められたことだけをやっているわけではありません。問題に遭遇すると、仕事のやり方を適応させています。何かやるべきことがあれば、誰かが進んでそれをやっています。

リズの言葉
一緒にランチを食べましょう

　チームで一緒にランチを食べるといいわよ。堅苦しくない雰囲気で耳を傾ければ、チームのことをもっと理解できるようになるわ。

　ランチでは、チームの問題についての話がよく出るわね。でも、ふりかえりとはまた違っているのよ。たとえば、正直とはいえ誰かに失礼な態度を取ったり。チームミーティ

ングにはふさわしくないわね。

それから、夢のようなプロセス改善について話すこともあるわね。だけど、具体的でもないし、行動も伴わないから、やっぱりふりかえりにはふさわしくないわ。

私はペンと情報カードをポケットに入れて、ランチに持っていくようにしているの。ランチでは、覚えておきたいことや、あとでやってみたいことがいつも出てくるのよ。

ソーシャルなつながり

チームの結束を強めるには時間がかかります。お互いのことをよく理解して、信頼関係を築く必要があるからです。みんなで一緒に働くことにより、それぞれの物の見方や問題点を理解できるようになります。ミーティング（特にデイリースタンドアップやふりかえり）は、みんなのことを理解する絶好の機会です。

お互いのことをもっとよく知る機会を作りましょう。個人の歴史を共有したり（コラム「個人の歴史を共有する」参照）、一緒に食事やボウリングに行ったりするといいでしょう。チームでリラックスしているときに、そうした話題が登場するのです。それによってソーシャルなつながりが生まれ、チームの結束がさらに強まります。

個人の歴史を共有する

パトリック・レンシオーニは『Overcoming the Five Dysfunctions of a Team』[Len05] のなかで、個人の歴史を共有しながら、チームにオープンな雰囲気を作り出すことを推奨しています。

そして、チームの各メンバーが過去に経験した困難を話し合う演習を提案しています。まずは、出身や兄弟姉妹の人数などの基本的な話から始め、子ども時代、学校、最初の仕事の話につなげます。

個人の歴史を話し合えば、チームメイトに対してオープンになる機会が得られます。個人的な話を聞けば、その人についてより深く理解できるようになり、共感が生まれやすくなります。

レンシオーニは、演習の目的を最初からチームに明らかにすべきであることを強調しています。共有したくないことまで話さなければいけないわけではありません。そのことを全員に理解してもらえるように気をつけましょう。

信頼関係を築く

チームのコラボレーションには、信頼関係が必要です。ジョージ・ディンウィディは「信頼関係は自己開示の上に築かれるものである。ただし、すべてを開示する必要

はない。だが、すべてを秘密にしてはいけない」と書いています[1]。安心してオープンにできることを示せば、チームに信頼関係を築いてもらえるでしょう。動機を明らかにして、自分の経験、意見、感情の情報を公開しましょう。そうすれば、みんなの心が開かれます。失敗したときは認めましょう。定期的に助けを求めましょう。

みんなが安心を感じていなければ、信頼関係を築くことはできません。他人を非難する文化があったり、失敗したときに批判されたりするようでは、安心を感じることはできません。助けが必要なときには、安心して助けを求められるようになるべきです。チームが安心を感じれば、お互いにアドバイスや支援をすることに喜びを感じられるはずです。

みんなが不安を感じていれば（たとえば、失業するかもしれないと思っていれば）、アジャイルコーチングは通用しません。そのような場合は、状況が変わるまで、できる限りチームを支援する必要があるでしょう。

信頼には安心が必要

by レイチェル

以前、一緒に仕事をしていた会社には、ITマネージャーのブライアンがいました。彼は、チームがオープンではないことを気にかけていました。デイリースタンドアップミーティングをやっていましたが、そこには信頼関係が欠けているように感じられました。何かに行き詰まると、誰もが口を閉じ、他の人に協力を求めようとはしませんでした。

ブライアンは、毎日お昼にスクラムオブスクラムミーティングを開催していました。そこには、すべてのチームリーダーとプロジェクトマネージャーが出席していました。私もオブザーバーとして参加しました。

そのミーティングはブライアンが仕切っていました。遅刻した人から罰金を徴収するために、彼は貯金箱を揺らしながら笑っていました。会議室をぐるぐる回りながら、ひとりずつ報告を求め、相手を不快にさせるような罵詈雑言を吐きまくっていました。他人の自信を打ち砕く方法を熟知しているようにも見えました。たとえば、過去のミスを指摘しながら、デリバリーが遅れた顛末を思い出させるのです。また、彼がミスを容認する人ではないことは誰もがわかっていました。最近、そのスタッフが解雇されていたからです。

彼のコミュニケーションスタイルが、部署の信頼の欠如に大きく関係していました。彼自身が、フィードバックを与える時期や、静かに傾聴するときを学ぶ必要があったのです。

ギャップを埋める

異なる役割（開発者、テスター、アナリスト、テクニカルライター）同士で信頼関係を築くのは難しく、時間がかかるものです。職種のギャップを埋めるために、短期間だけ役割を入れ替えることをチームに提案してみましょう。たとえば、開発者が1週間だけテスターの役割を担うのです。求められるスキルが足りない場合は、

---

[1] http://blog.gdinwiddie.com/2008/12/03/aye-2008-the-magic-chemistry-of-teams/

誰かとペアを組み、できるだけのことをやればいいでしょう。「その人のモカシンを履いて歩いて」*2みれば、他人の仕事をより深く理解できるはずです。

　チームメイトのやっていることを理解せずに、自分の役割のほうが大変だと思っている人がいます。ですが、お互いにリスペクトしなければ、チームはうまくいきません。そのためには、あなたから意見や協力を求めたり、他の人の心配事や問題点を真剣に受け止めたりするといいでしょう。みんながあなたの行動に気づいたら、真似をしてくれるはずです。

　他のメンバーに不満を感じている人がいたら、コーヒーに誘って話を聞きましょう。そう考えてしまうのには、何か思い込みがあるのではないでしょうか？　他の表現はできないでしょうか？

タイプ評価

　チームメンバーの強みと弱みを理解できるように、チームでタイプ評価に挑戦してみるといいでしょう。たとえば、MBTI*3やベルビンの自己認識測定法*4を提案してみましょう。

　メンバーの同意が得られたら、個人で評価を受けてもらい、その結果をチームに共有します。こうしたテストは、パフォーマンスや能力を評価するものではありません。チームメンバーのインタラクションの好みや行動の傾向を探るものです。結果を共有することにより、お互いの行動を理解できるようになるでしょう。

4.2　チームの空間を作る

　チームには共有のワークスペースが必要です。コミュニケーションを滞らせないようにするためです。チーム全体が（誰ひとり欠けることなく）同じ部屋にいることが理想です。チームの近くにコーヒーを飲みながら談笑できる「脱出エリア」を用意すれば、リラックスした状態で友好関係を築けます。また、近くに会議室を用意すれば、プライバシーを確保したり、チームの邪魔にならないように議論したりできるので便利です。

　ただし、同じ部屋になることを渋る人もいます。オープンなワークスペースは開け広げすぎて、人間扱いされていないと感じるからです。チームみんなで自分たち

＊2　訳注：ネイティブアメリカンのことわざに「Don't judge a man until you've walked two moons in his moccasins.（人を判断する前に、その人の立場になってしばらく考えよ）」があります。モカシンとは、一枚革で作られた靴のことです。

＊3　http://www.myersbriggs.org/

＊4　http://www.belbin.com/

のワークスペースをデザインして、自分たちに合わせてカスタマイズできるように
しましょう。植物、書籍、写真などを少しでも配置すれば、安らぎを感じられるワー
クスペースになるでしょう。その効果には驚かされるはずです。

アジャイルは開発者の働き方だけの話ではありません。企業がアジャイルを導入
すると、そこに気づくまでに時間がかかることがあります。アジャイルを導入する
には、組織全体を変える必要があるのです。結果として、テスターを開発者の隣に
座らせること、プロダクトマネージャーの隣に誰かが座らなければいけないことに
対して、多くの反発が生まれるでしょう。それでも、共有ワークスペースの普及活
動を辛抱強く続けましょう。物理的に離れている状態では、アジャイルチームを作
ることは困難です。

全員を同じ部屋に集めれば、**情報満載のワークスペース**の構築に着手できます。
有益な情報を見える化することで、時間の計画や意思決定がうまくいきます。詳し
くは、第8章「見える化する」で説明します。

注意すべきは物理的なワークスペースだけではありません。仮想的な環境もコラ
ボレーションを支援するものでなければいけません。電子情報を記録したいと思え
るような場所について、チームで話し合いましょう。ドキュメントを記録するため
に、共有ネットワークドライブを利用するのではなく、Wikiや共有リポジトリを設
置してもらいましょう。また、開発環境やテスト環境の設定についても明らかにす
る必要があります。

4.3　役割のバランスを取る

顧客と開発者の関係は極めて重要です。最高のプロダクトを作るために、お互い
に協力する必要があるからです。みんなが同じチームの一員であり、同じゴールに
向かって仕事をしているという認識が必要です。チーム全体に対して、それぞれの
役割の責任を明らかにしましょう。

顧客[*5]とは、そのビジネスの所有者であり、ソフトウェアの挙動に優先順位をつ
ける人です。開発チームには、どのように開発するかを決定し、それにどれくらい
時間がかかるかを顧客に伝える責任があります。顧客は、ソフトウェアのデリバリー
の予定日を設定できますが、スコープを固定することはできません（それはチームで
決めることです）。

プロダクトマネージャーが顧客になることもよくあります。プロダクトマネー
ジャーは、複数のユーザーやステークホルダーと協力して、ソフトウェアの挙動を
決定する人のことです。大規模な開発では、顧客が1人の人間だけでは不十分なこ
ともあります。その場合は、顧客チームを編成しましょう。顧客チームには、ユー

---

*5　この一般名称は、スクラムのプロダクトオーナーに相当します。

ザーストーリーの作成と優先順位の決定に必要なすべての専門知識が求められます。場合によっては、ビジネスアナリスト、ユーザーの代表者、インタラクションデザイナーなどが加わることもあるでしょう。どのような人たちで編成するかは、プロジェクトや組織の性質によって決まります。

「近い顧客」（要求の詳細をチームと協力して決める人）と「遠い顧客」（ビジネスの優先順位を決定する人）の組み合わせが最善のソリューションになることもあります。「近い顧客」は、チームと同席しているビジネスアナリストが担当するといいでしょう。「遠い顧客」は、事業運営やマーケティングのチームに近いプロダクトマネージャーが担当するといいでしょう。

役割のバランスが崩れると、片方の負荷が高まります。たとえば、顧客が忙しすぎると、開発者たちは顧客をつかまえられなくなり、要求を推量するようになるでしょう。逆に、開発者の人数が足りなかったり、期待していたよりも仕事が遅かったりすれば、ビジネス側は落胆するでしょう。コーチとしては、バランスが崩れることの副作用を見える化して、マネジメントがこうした問題を検討できるように支援しましょう。

4.4　チームをやる気にさせる

優れたチームは自発的です。ですが、優れたチームでも行き詰まることがあります。どこから着手すべきかを悩んでしまうのです。大きなチャンスがあるかもしれないのに、木だけを見て森を見ず、圧倒されているのです。チームに活力を与え、モチベーションを高められるように支援しましょう。そのためのアイデアをいくつか紹介します。

簡単すぎず、難しすぎず

優れたチームは、到達可能でありつつも挑戦的なゴールを必要とします。誰だって挑戦する気になる必要があるのです。退屈に感じたり、不安に思ったりするようではいけません。これが、仕事を楽しめる最適な領域です。

仕事が簡単すぎると、開発者はうんざりして、やる気を失います。簡単な仕事を達成することにやりがいを感じられないのです。簡単な仕事がたくさんある場合は、自動化する方法を見つけてもらうようにしましょう。

仕事のなかには、不可能に思えるものや、コンフォートゾーンをはるかに超えたものもあります。そのような場合もチームはやる気を失うでしょう。難しい仕事は、扱いやすい単位に分解する必要があります。最初に着手できる仕事は見つかるでしょうか？　次にやることを決める前に調査が必要であれば、いくつかのアイデアについて実験してもらいましょう。

実験を行うことを是とする文化を育てましょう。解決しようとする問題をチーム

が深く理解するためです。トーマス・エジソンの有名な言葉に「私は失敗したことがない。1万通りのうまくいかない方法を発見しただけだ」があります。情報が足りなくて、複数の選択肢から選べないとしたら、すべての方法を試してみるといいでしょう。実験が終わるたびに、チームが知っていることが増えていきます。複数のソリューションを構築することは時間のムダだと思うかもしれませんが、そのほうがすばやく学習でき、誤った判断を下すリスクを安価に緩和できるのです。

説得力のあるゴールを見つける

役に立つプロダクトを作っていることがわかれば、チームの意識が高まります。プロダクトの方向性をコーチが決めることはできませんが、全体像とミッションをチームに理解してもらうことならできます。可能であれば、チームとエンドユーザーの会合の場を作りましょう。チームにとって、ユーザーのニーズが鮮明になりますし、よりよいプロダクトを作るアイデアのきっかけにもなります。

また、プロジェクトにおける機会のイメージを明らかにして、個人のゴールと結びつけることも支援できるでしょう。アジャイルチームは、自分たちで仕事の計画や設計を行います。ソフトウェアの設計、構築、テストについて、どの程度の自由度や自主性が許されているかを明らかにしましょう。許可を待つ必要がないことがわかれば、自由に着手できます。

イノベーションの時間

アジャイルプロジェクトに関わっている開発者たちが、延々と続くユーザーストーリーを処理しながら燃え尽きていることがあります。新しい技術を調査したり、革新的なプロダクトのアイデアを試してみたりする時間を作れなければ、チームはやる気を失っていきます。イテレーション計画のときに、チームが新しいアイデアを調査できる時間を確保しておきましょう。そうすれば、モチベーションが驚くほど高まるはずです。また、プロダクトにも大きな効果があるでしょう。

新しいアイデアを試したり、不具合を排除したり、新しいことを学んだりする時間を作れば、チームメンバーは幸せに仕事ができるようになります。これにより、チームの活力も向上します。そして、それがプロジェクトのタスクにも影響します。チームの話をよく聞いて、アイデアを実行に移せるように支援しましょう。そうすれば、プロジェクトのなかに独自のミニプロジェクトを発見できるはずです。

ゴールドカード

by レイチェル

　上記の問題に対応するために、**ゴールドカード**を導入したチームと仕事をしたことがあります（XP Universe 2001 Conferenceの講演「Innovation and Sustainability with Gold Cards」を参照 [MMMP]）。

　開発者にはゴールドカードを出す機会が与えられています。ゴールドカードを出した日は、チームのタスクではなく、自分で選んだテーマの仕事ができます。開発者には月に2枚のゴールドカードが与えられます。ゴールドカードを使うときには、デイリースタンドアップのときに宣言します。

　私たちはゴールドカードを使って、新しいツールを試してみたり、新しいプロダクトのアイデアを実装してみたり、新しいことを学んでみたりと、あらゆることに挑戦しました。そして、イテレーションの終了時には、ゴールドカードで何をしたかをチームに伝えるようにしていました。

　ゴールドカードによって、開発中のプロダクトとサポートしているインフラの両方に変化がもたらされました。つまり、間違いなく有効な時間の使い方だったのです。

　ゴールドカードを使えば、チームが満足できるプロダクトとなるように、顧客に新しいアイデアを提案することができます。あるいは、チームにとってやりがいのある仕事につなげることもできます。できれば開発者全員が、毎週同じ日にゴールドカードを使うと効果的です。みんなでアイデアに取り組むことができますし、その日はプロジェクトの仕事をやらなくてもOKという雰囲気になれます。マネジメントに受け入れてもらう方法については、前述の論文を参照してください。ゴールドカードによって、チームのコラボレーションを損なうことなく、個人のパフォーマンス評価の基盤を作れるという見方もあるのです。

成功をお祝いする

　リリースごとに成功をお祝いする方法を見つけましょう。チームで昼食を食べたり、一緒に飲みに行ったりすれば、チームの絆が深まります。成功したことを他のチームや組織に伝えられるように、チームを支援しましょう。たとえば、イテレーションデモに招待したり、会社のミーティングでプロダクトを紹介したり、アナウンスを流したりするといいでしょう。

　他の人たちから成功を認められ、称賛してもらえれば、チームに勢いがつきます。マネジメントや顧客からの感謝の言葉は重要です。感謝の言葉をもらえるように働きかけましょう。ユーザーからのフィードバックはモチベーションを高めます。ユーザーの生活が改善された場合は、特にそうです。リズが一緒に仕事をしていた会社では、顧客にもらった満足と不満のメールをコーヒーメーカーの近くに貼り出していました。

調子はどうですか？

by レイチェル

　レガシープロジェクトが退屈だと感じているチームと一緒に仕事をしたことがあります。最初のリリース後、チームの意識は急速に高まりました。そのプロジェクトがリリース後1週間で稼ぎ出している金額の桁を耳にしたからです。そのプロジェクトは広く認知され、状況は大きく変わりました。

やる気を失わせない

　みんなのモチベーションが高まり、やる気を失わせるようなものが何もなければ、そのままモチベーションは持続するはずです！仕事のモチベーションを高め、幸せに仕事をするには、そこで何をするかが重要です。仕事のモチベーションを失わせ、幸せに仕事ができないのは、仕事をする環境が原因です。環境の問題には、ストレスや企業の文化が含まれます。

　フレデリック・ハーズバーグは、『The Motivation to Work』[Her93]で**衛生要因**のことを説明しています。衛生要因があるからといってモチベーションが高まるわけではありませんが、衛生要因がないとモチベーションは失われます。たとえば、高速なコンピューター、美味しいコーヒー、十分な報酬は、それがあるときには何も感じませんが、なければモチベーションが下がります。コーチの影響力の範囲外の場合もありますが、チームを悩ませている要因について話し合うといいでしょう。作業環境の改善であれば、すぐに着手できるものが見つかるかもしれません。

インセンティブに気をつける

　モチベーションを高めるために「インセンティブ」を使うときは慎重になりましょう。アルフィ・コーンが『報酬主義をこえて』[Koh93]で説明しているように、インセンティブの制度は個人の生産性を高めるものであり、それによってチームのコラボレーションが損なわれる可能性があります。ボーナスを奪い合う関係なら、チームメイトを助ける理由がないからです。

　チームの仕事に対してボーナスを出すと、チームはそのために必要なことだけをやるようになります。それ以上でもそれ以下でもありません。どうしてもボーナス制度が必要なら、個人の成果ではなく、チームの成果や会社のゴールにもとづいたものにしてもらいましょう。いい仕事をしていることや優れたプロダクトを作り出していることに満足して、やる気が高まったときに、チームというのはうまくいくものです。

4.5　苦難

あなたがこれから遭遇する可能性のある苦難を紹介します。

チームが機能横断型ではない

チームが、アナリスト、デザイナー、テスター、ソフトウェアエンジニアのように、専門分野で分かれている会社があります。レポートラインも別々です。これはアジャイルになるための深刻な阻害要因です。アジャイルの基本原則は、さまざまな専門分野が協力して、最高のソフトウェアを構築する機能横断型のチームを用意することだからです。アジャイルをうまく機能させるには、遅れを生じさせる専門分野間の引き継ぎを避け、みんなが同時にプロジェクトに取り組めるようにすることです。

このような状況でチームのコーチングをしているならば、テスターやアナリストなどの他の専門分野からメンバーを勧誘しましょう。パートタイムでプロジェクトに参画してくれる他の専門分野の人たちと、開発チームとの関係構築に取り組みましょう。こうしたバーチャルなチームメンバーも、すべてのアジャイルミーティングに招待しましょう。それから、すべてのメールにも含めるようにしましょう。同じチームである感覚を高めるために、食事会や懇親会にも招待しましょう。

オンサイト顧客がいない

開発チームと顧客がいるオフィスが離れている場合があります。タイムゾーンが違う場合もあるかもしれません。エンドユーザーが違う国にいるとそうなりがちです。リモート顧客と一緒に働くときには、下手をするとコミュニケーションの問題や敵意が生まれる可能性があります。

リモート顧客と良好な関係を築きましょう。顧客にはチームの全員と親しくなってもらいましょう。最初の計画ミーティングのときに、直接会うといいでしょう。その後は、電話や非公式なチャネル（インスタントメッセージやチャットなど）で定期的に会話をしてもらいましょう。

「去る者は日々に疎し」ということわざがあります。人間は相手の顔を見ながら答えることに慣れています。他のオフィスにいる人たちの「顔」が見えるように、ウェブカムを用意しましょう。そして、デスクトップPCやテレビ会議システムで使えるようにしておきましょう。驚くかもしれませんが、静止画の顔写真だけでも効果はあるものです。

チームが大きすぎる

メンバーが10人を超えると、チームにおけるコミュニケーションや責任感に悪影響が出ます。人数が多すぎるとミーティングに時間がかかりますし、当事者意識の

維持が難しくなります。また、チームのゴールに貢献する意識が希薄になります。チームにおける個人の責任が相対的に減るからです。そういう場合は、プロジェクトをサブチーム（できればフィーチャーチーム）に分割しましょう。『Scaling Lean and Agile Development』[LV09]には、フィーチャーチームに関するアドバイスが載っています。

チームがリソースプールである

　複数のプロジェクトを担当している人たちが、1つのチームとしてアジャイルを導入しようとしてもうまくいきません。アジャイルでは、同時に1つのプロジェクトに取り組むことが前提となります。チームが複数のプロジェクトに取り組んでいると、説得力のある大きなゴールが存在しません。プロジェクトの優先順位が変われば、それによって中断が発生し、チームで調整が必要な状況になるでしょう。そのような状況では、アジャイルを導入するのはやめておいたほうが賢明です。

仲間はずれにされているメンバーがいる

　仕事で避けられているメンバーがいることに気づくことがあります。それは、信頼の欠如ですか？　それとも、実務上の問題でしょうか？　あるいは、そのメンバーが朝シャワーを浴びてこないからかもしれません。

　チームに理由を聞いてみましょう（その人がいないときに）。それから、仲間はずれにされている人にも話を聞きましょう。そのような状況に本人は気づいているでしょうか？　病気、ストレス、抑うつなどで仕事に支障が出ている場合は、すぐに人事部に相談しましょう。

チームが自己満足になっている

　ビジネスゴールに対する意識や他のチームから見られているという意識が欠如していると、チームの視野が狭くなります。チームが自己満足に陥っているようなら、チームの成果を上司に見えるようにしたり、そこから生まれたビジネス価値をチームにフィードバックしたりしましょう。

4.6　チェックリスト

- チームの絆を深めるために、お互いを知る機会を作りましょう。定期的に非公式なランチや飲み会を開催しましょう。
- 共有ワークスペースを作り、チームが一緒に働けるようにしましょう。チーム全体が同じ部屋にいられるようにしましょう。
- 役割の責任を明確にしましょう。顧客がチームと一緒に働けるように支援しましょう。

- チームに実現可能かつ挑戦的なゴールを用意しましょう。仕事は簡単すぎてもいけませんし、難しすぎてもいけません。
- 食事や飲み物を用意して、リリースのお祝いをしましょう。顧客やマネジメントからチームに感謝の言葉を伝えてもらいましょう。

第Ⅱ部

チームで計画づくり

毎日同期を取ることをチームに働きかけよ。
　　——指導原則

第5章

デイリースタンドアップ
Daily Standup

　これまでに何度もデイリースタンドアップに参加してきているでしょうから、これだけで丸々1章を割くことに驚かれるかもしれません。簡単にできそうですもんね。あなたがやるべきことは、チームを毎日同じ時間に集め、3つの簡単な質問に答えてもらうことです。

- 自分は昨日何をしたか？
- 自分は今日何をするか？
- 何が自分の邪魔をしているか？

　この3つの質問は、最初に使うにはよい質問ですが、チームにとっては補助輪にすぎません。コーチであるあなたは、チームにこの形式を乗り越えてもらい、自分たちの必要にあわせてミーティングを変えてもらっても構いません。チームは、デイリースタンドアップを自分たちのものにしたほうがよいのです。これは、誰が何をするのか決めるミーティングであり、そうすることによってチームは自己組織化していくのです。チームがデイリースタンドアップのやり方を理解したあとは、コーチは身を引きましょう。

　デイリースタンドアップを見れば、チームメンバーがうまく協働できているかがわかります。マネージャーに対する薄っぺらな状況報告になっているとしたら、それは要注意です。ミーティングがだらだら続いているとか、詳細に触れすぎてチームの貴重な時間を奪っているとか、30分以上続いているとかであれば、気をつけましょう。ミーティングが手短で、活発で、自己管理が効いていれば、チームは正しい方向に進んでいます。あなたがいないときに、チームだけで実施しているのもよい兆候です。

　デイリースタンドアップでバランスのよい情報共有をするには技術が必要です。

チームが幸先のよいスタートを切るために、あなたに何ができるかをこれから見ていきましょう。

レイチェルの言葉
自分のアドバイスをよく聞いて

　自分自身のアドバイスに従って、あなたがロールモデルになるのよ。デイリースタンドアップだったら、時間どおりに始められるようにしておくの。ミーティング中は、うつむいて机や壁に寄りかかったりするのではなく、両足でしっかりと立つこと。あなたがミーティングを真剣に受け止めないなら、他の誰が受け止めるっていうの？
　チームに期待する振る舞いの模範となることは、コーチングの重要な技術よ。こうあってほしいなと思う振る舞いを取り入れて、それがチームに受け継がれるようにしてね。

5.1　立ってやる

　会議室で座らずに立ってミーティングをやることに、最初は気まずさを感じるかもしれません。従来型の組織にいるチームならなおさらです。他の人たちに見られながら立ってやるのは照れくさいのでしょう。変というか、異様です！ですから、立ってやることの意味をチームに必ず理解してもらってください。その意味とは、全員が立ってやればミーティングの時間が短くなるということです。これなら受け入れられそうですよね。ミーティングの時間を減らしたいと思っている人は多いでしょうから。
　デイリースタンドアップがどんなものかを一度体験すれば、あとは思い切ってやれるようになります。チームが気乗りしないようなら、まずは2週間だけ立ってやってみることを提案しましょう。そして、そこで感じたことを次のふりかえりで見直すための、一種の実験の機会だと捉えましょう。それでもなお、デイリースタンドアップを座ってやりたいというのであれば、ミーティングの時間を計測しましょう。立ってやるほうが時間を短縮できるという証拠がつかめるはずです。
　デイリースタンドアップは、チームのワークスペースでチームボードを囲んでやると効果的です。チームが半円になって集まれる場所が必要ですが、そうすればお互いの姿とチームボードを両方見ることができます。椅子や机をどけたりして、デイリースタンドアップの場所を作ってもらいましょう。十分な広さを確保できない場合は、近くの別の場所を探しましょう。会議室が足りなければ、頭を使いましょう。以前一緒に働いていたチームは、階段の踊り場でデイリースタンドアップをやっ

ていました。

　ワークスペースから離れてデイリースタンドアップをすると、その場所に行って戻るまでの時間が必要になるので中断が生じます。また、チームボードのタスクについて話す必要があるので、そのことも問題になります。あるチームは、会議室を占領して「スクラムルーム」にしてしまい、チームボードやチャートを壁に貼ることで、これを解決していました。

　ですが、それ以外の時間にタスクを目にすることができなくなるので、私たちはあまりこのやり方を好みません。チームボードが**情報ラジエーター**ではなくなってしまうのです。それなら、持ち運び可能なチームボードを作ったほうがいいでしょう。デイリースタンドアップの場所に持っていったり、チームのワークスペースに持ち帰ったりできるからです。具体的な方法については、第8章「見える化する」で触れます。

5.2　チームによるチームのための

　デイリースタンドアップは、**自分たちの仕事を同期させるための自分たちのため**のものです。それをチームに伝えることが必要不可欠です。プロジェクトマネージャーやチームリードのために進捗を報告したり、作業に対するフィードバックをもらったりするところ**ではない**のです。チームメンバー同士に直接やり取りをしてもらうようにしましょう。

　計画されている作業について集中して話をしてもらいましょう。休み明けの人がいたとしても、旅行の話をする場ではないのです。こちらの仕事に深刻な支障が出ていない限り、他のプロジェクトでどんな仕事を終わらせたのかについても言う必要はありません。デイリースタンドアップの目的をチームに気づかせ、すぐに本題に戻るようにしましょう。

　デイリースタンドアップをはじめて経験するチームの場合は、あなたが会話を推し進めましょう。もじもじしている人がいたら「3つ

会話を推し進めましょう。

の質問」を思い出させてあげましょう。ペアで作業をしていた人たちには、どちらか片方に作業内容をざっと説明してもらいましょう。デイリースタンドアップに慣れてきたら、「3つの質問」形式からは自然と卒業して、追加で質問を取り入れるようになるはずです。新しい質問は忘れないようにチームボードに書いておくといいでしょう。

スタンドアップチェコフ

昨日やったこと

新しいカードはあるか？

営業ミーティングはあるか？

今日の発表者は誰か？

時間経過を記録する

カードとパートナーを選択する

スタンドアップチェコフ

by レイチェル

　以前、私が仕事をしたXPチームでは、デイリースタンドアップで何を話すかを忘れないように、チームボードにチェックリストを貼っていました。これを私たちは「スタンドアップチェコフ」と呼び、パヴェル・チェコフの写真を添えてチームボードに貼りました。パヴェル・チェコフはスタートレックシリーズの最初のテレビドラマ『宇宙大作戦』に登場するキャラクターなのですが、「チェコフの質問をチェックオフ」するのを忘れないようにしたのです。

　「3つの質問」形式から移行していることに気づいたでしょうか。私たちはその他の話題にも触れておきたかったのです。そして、そのほとんどはカスタマーサポートに関わるものでした。たとえば、開発者の誰かが「矢面に立っている」ことを毎日交代で確認していました。これは、営業やカスタマーサポートから割り込みが入っているという意味です。また、自分たちの見積り精度を上げるために、ストーリーごとの時間を計測する実験を始めていました。しかし、このミーティングで最も重要視していたのは、誰と誰がペアプログラミングをするかというものでした。

　その後、チームは「ストーリーは完成したか？」などのチェコフも追加しました。いずれもチームが忘れないようにするためです。

チームのフォーカスを定める

　デイリースタンドアップで質問するのがあなただけになっているときは、注意が必要です。チームメンバーは「あなたに向かって」答えていないでしょうか。自分たちのためのミーティングではなく、あなたのためのミーティングだと思っているのかもしれません。そうならないようにするために、彼らと目を合わせないようにして、チームの輪全体を見渡すようにしましょう。

　あなたへの報告会のような状態が続くなら、単刀直入に言いましょう。

「お願いだから、返事はチーム全体にしてくれる？ デイリースタンドアップは、今日やるべきことをみなさんが把握するためにやってるの。私のためにやってるんじゃないのよ」

デイリースタンドアップに参加しないようにして、あなたがいなくてもチームだけでやれるようにするのもいいですね。

仕事が終わった人に対して「素晴らしい！」と言うのはやめてください。「ありがとう」もダメです。チームの活動を同期するためでなく、あなたを喜ばせるためにデイリースタンドアップをやっているという印象を与えてしまいます。たった一言でも、褒められたほうは混乱します。いい仕事をしたと言いたかったのでしょうか？ どういうところが素晴らしかったのでしょうか？ また、ある人は褒められて、ある人は褒められないのはどうしてなのかと疑問に思われるでしょう。

チームが流れをコントロールする

チームには、自分たちでデイリースタンドアップをコントロールしてもらいましょう。このことを明確にするために、会話のトークンを導入するといいでしょう。会話のトークンとは、話す順番を表すもので、自分の話が終わったら次の人へと受け渡していきます。トークンはボールやペンなど、どんなものでも構いません。何か発言したいときはそれを手に持つのです。そして、話が終わったら、次に誰に渡すかを決めます。集中的にコントロールする人はいません。これにより、ミーティングはスムーズに進み、トークンを持っている人に注目が集まるようになります。

デイリースタンドアップに出られずに電話で参加してくる人がいる場合は、携帯電話が会話のトークンとして機能します。電話ではなくチームに向かって話すことを意識してもらいながら、電話の向こう側の人にも話を聞いてもらうことができるからです。デイリースタンドアップの流れに慣れたら、会話のトークンを使うことをやめても構いません。

デイリースタンドアップによくある会話はこんな感じです。

火曜の朝

ダミアンからデイリースタンドアップが始まります。

「じゃあ、俺から始めよう。昨日は新しいデータフィードの処理をやっていました。チェックインはしたんだけど、処理が途中で止まることに気づきました。本の推薦文をぜんぜん読み込まないんです。というわけで、今日は他のタスクをする前に、何が起きてるのかを調査したいと思います。他に困っていることはありません。ハイッ！」

そう言って、会話のトークンとして使っているテニスボールをラリーに投げます。

今日のラリーはかなり眠そうです。驚いて飛び上がり、なんとかボールをつかむことが

できました。

「ええと、僕はテストデータの準備をしていました。データフィードを抽出してXMLファイルをいくつか作って、昨日の夜にSVNにチェックインしました。今日は、カルーセル表示のテストを始めたいと思います。準備できてるよね？」

レベッカにボールを手渡します。

「えっと……」

レベッカはトークンを受け取り、言葉に詰まりました。

「まだちゃんと終わったわけじゃないんですが、これまでやったところをちょっと見てもらえるとうれしいです」

「了解。じゃあ、午前中はそれをやろう。君が準備しているあいだに、僕はレコメンデーションエンジン用のテストスクリプトを始めておこうかな」と、ラリーが答えました。

レベッカが続けます。

「それで、昨日は……カルーセル表示の作業をしていました。かなりうまくいってたんだけど、まだブラウザーのテストができてないんです。なので、ラリーが不具合を見つけてくれるといいんだけど。たぶんこの仕事は今日いっぱいかかると思います。困っていることはありません。次はジョー？」

トークンを差し出し、ジョーに話しかけます。

ジョーはトークンを受け取ります。

「今朝は早く出社したから、ISBN検索のところは終わりました。もうテストできる状態です。だけど、新しいタスクはすぐに始められないんだ。というのも、午前中にシンガポールのチームとテレビ会議をするので出てくれないかと、アマンダに頼まれちゃって」

ラジが質問します。

「となると、ボクと運用部門にやっておいてほしいことは、今日は特にないってことかな？」

ジョーがにこやかにこう言います。

「はい。残念ながら！」

そして、チームはそれぞれ自分たちの作業に取り掛かるのでした。

　この会話では、彼らは昨日やったことを詳細に説明するのではなく、タスクの進み具合について話をしています。また、出てくる問題をすべて解決しようともしていません。ダミアンがハマった問題のヒントをジョーが知っていれば、ミーティングが終わったあとに2人で話せばいいのです。

　質問に答えることができるのは、実際にチームボードのタスクを担当している人だけです。ラジはプロジェクトマネージャーなので、タスクを担当するのではなく、問題を把握するために参加しています。アマンダはプロダクトマネージャーで、彼女はチームにとっての顧客にあたります。彼女はデイリースタンドアップに参加することができなかったので、あとで誰かに状況を聞こうとするでしょう。

参加するのは誰

チーム全員がデイリースタンドアップに参加します。開発者、テスター、デザイナー、顧客、アジャイルコーチなどを含めた全員です。顧客（やその他のステークホルダー）は「鶏」*1なので、口を閉じておくようにと指示するアジャイルチームがあります。これはやめたほうがいいでしょう。というのも、大変失礼ですし、不要な混乱を招きかねません。チームはステークホルダーとの架け橋を築くべきであり、橋を燃やすようなことをしてはいけません。

デイリースタンドアップでは、現在の計画に含まれる作業にフォーカスします。顧客もここに関わっています。ですので、チームの他のメンバーと同様に、今どんなことをやっているのかを伝えても構いません。デイリースタンドアップは、これから発生する仕事の情報を伝えるのに理想的な時間でもあります。こうした最新情報は、ミーティングの終わりに触れるといいでしょう。

デイリースタンドアップでは、全員に関係のある会話をするようにしましょう。全員に関係のない話だからと中断した話については、デイリースタンドアップが終わったあとに関係者だけで話を再開しましょう。

2部構成のデイリースタンドアップ

by レイチェル

以前、一緒に働いていたチームでは、デイリースタンドアップを2部構成でやっていました。

第1部では、誰が何をやっていて、どんな問題があるかについて、開発チームが最新の状況を確認していました。顧客チームにとってはつまらない時間だったでしょう。技術的な専門用語が飛び交うからです。ですが、私たちは顧客チームを排除していませんでした。私たちが立ち上がってミーティングを始めようとすると、顧客もやってきてミーティングに加わるのです。

第2部では、開発チームから顧客チームに対して、誰がどのユーザーストーリーを担当するかを説明し、ストーリーテストの詳細を決めるミーティングを調整していました。

2部構成にしたことは、チームにとって大きな効果がありました。顧客の時間を奪うことなく、必要なことをすべて話した状態で、1日を開始できるようになったのです。

---

*1 訳注：「鶏と豚」という寓話があります。鶏が豚にハムエッグの店をやろうと誘いますが、豚は「君は卵を産むだけでいいけど、こちらは身を切らなきゃいけないから嫌だよ」と断ります。鶏は部外者、豚は当事者の立場を指します。

リズの言葉
ルールは忘れて

　スクラムの手法では、デイリースタンドアップで誰が何を話すべきか、という厳密なルールが提唱されてるわよね。それから、時間どおりに始めることも強調されてる。

　デイリースタンドアップミーティングのルールは、チームを立ち上げるときは役に立つものだと思うわ。だけど、これは魔法じゃないの。チームを縛るものではいけないわ。ルールに固執し続けると「ルールに従っていればいい」と思われてしまう。すると、チームの自己組織化は止まってしまうのよ。

　ミーティングの目的を見失ってはいけない、ということね。時計じかけのようなルールどおりのスクラムよりも、活気のある議論を聞いたり、みんなが積極的に関わっている様子を見たりするほうが私は好きよ。

5.3　問題を扱う

　誰かが問題を指摘しても、デイリースタンドアップが終わるまでは、その対処方法について議論しないほうがいいでしょう。全員の話が終わるまでは全体像がつかめないし、チーム全員で問題に対処する必要もないからです。デイリースタンドアップでは、会話を切り分けるようにしましょう。問題の解決方法について話し合う前に、それぞれの進捗状況を共有してもらいましょう。手短で明快な質問なら構いませんが、問題が理解できたら次に進んでもらいましょう。

　フォローしないのであれば、問題点を聞くことに意味はありません。誰かが問題に触れるたびに「それはあとで話そう」と言うのはやめましょう。「あと」とは一体いつのことでしょうか。自分の手帳にメモするのではなく、ホワイトボードに問題の**パーキングロット**を作りましょう。そして、ミーティングの最後にパーキングロットを見直して、それぞれの項目に優先順位をつけ、誰がフォローすべきかを調整しましょう。解決できた問題は消しても構いません。外部から何度も作業を中断させられていたら、そのためにムダにした時間を計測したくもなるでしょうが、特に記録を取る必要はありません。

　デイリースタンドアップは、他のミーティングとは置き換えられません。チーム全体でもっと時間をかけて話し合いたいと思ったら、デイリースタンドアップを延長して話し合いを続けるのではなく、その話題を扱うためのミーティングを設定してもらいましょう。

　チームが指摘した問題については、チームの外から持ち込まれた問題にも関係していないかチェックしてあげましょう。よくあるのは、ソフトウェアのインターフェ

イス、エディトリアルコピー、デザインアセット、データベースの変更などです。そうしたものを忘れずにフォローできるように、チームは自分たちでチームボードを変えていくことになるでしょう。

5.4　時間を設定する

1日のはじめにデイリースタンドアップをやって、仕事をする前に誰が何をやるか話しておく。ほとんどのチームはそうしています。とはいえ、みんなの出社時間が同じという会社は少ないでしょう。したがって、全員に都合のよい時間を探すことになります。

コーチのあなたが時間を決めてはいけません。いつデイリースタンドアップをやりたいのかをチームに聞きましょう。だからといって簡単に

チームで決めましょう。

決まるわけではありませんが、チームが時間を守る気も高まるし、自分たちの問題は自分たちで解決するんだという文化を広めることにもなります。

毎日、チーム全員がデイリースタンドアップに集まるのは難しいということもあるでしょう。たとえば、在宅で仕事をしていたり、他のミーティングに出ていたり、フルタイムでプロジェクト作業をしていない、という人がいたりするかもしれません。働く場所やタイムゾーンの違う分散チームであれば、デイリースタンドアップはさらに難しいものになります。何が達成目標なのかを思い出しましょう。うまくコミュニケーションできていて、全員が何をやればいいかを知っている、という状態が目標ですよね。チームが最適な案を見つけるまで、いろいろな方法を試してもらいましょう。

テレビ会議をしたり、デイリースタンドアップの時間を変更したりするのもいいでしょう。ミーティングにはどうしても出られないけれど、別の方法で最新情報が手に入ればいい、という人もいるはずです。同じ場所で働くチームメンバーが顔を合わせてデイリースタンドアップをやってから、リモートのメンバーとテレビ会議をするのはどうでしょうか。タイムゾーンが異なるチームの場合は、相手の仕事が終わる頃に会話が始まることがあるかもしれません。

夜型 vs 朝型

by レイチェル

以前、一緒に働いていた会社では、福利厚生として、自由な勤務時間の選択が可能でした。同じチームでも、昼過ぎに出社して夜中まで働く人もいれば、早朝に出社して午後には仕事を終わらせて帰る人もいました。このチームの場合は、午後にデイリースタンドアップをやることで、お互いの作業の同期を取っていました。

マイナス面を挙げるとすると、朝型の人たちはデイリースタンドアップが始まるまで、他の人たちがどこまでやったかを知らずに仕事をしなければいけないことでした。タイム

ゾーンをまたいだチームの場合にも同じ問題が起こりますが、朝と午後にミーティングを開いていることが多いようです。そこで、このチームでもやってみようと提案しました。今では、朝型の人たちは夜型の人たちが来る前に、お互いに同期を取れるようになりました。

5.5　いつコーチするか

　デイリースタンドアップで会話の流れも作れず、時間も遵守できないのだとしたら、コーチとしての価値はどこにあるのでしょう？ 私たちの信念は「コーチはチームの良心であれ」です。子ども向け映画『ピノキオ』に出てくるコオロギのジミニー・クリケットに少し似ています。たとえば、チームの話が脱線していたら「そもそも何をしようとしていたんだっけ？」と優しく気づかせてあげればいいのです。口やかましい人だと思われないように、自分から先に言わないようにしましょう。いつも「これ忘れてるわよ」「あれも忘れないで」などと言っている人だとは思われたくないでしょう？ 実際に話が脱線するまでは待ちましょう。それから、「計画とは違うことをやっているように見えますね」と伝えるのです。そして、それが本当に問題なのかどうかと尋ねましょう。もし問題であれば、それにどうやって対応しようとしているのかを聞くのです。

　ユーザーストーリーの実装に何日もかけるメンバーがいます。時間の流れの速さに気づいていないのです。次のデモやリリースまであと何日なのかを教えてあげましょう。チームボードを見れば、今誰が何をやっているのかがわかります。チームボードを確認するように伝えましょう。

　時間の経過を教えることだけがあなたの仕事ではありません。チームはイテレーションのサイクルを繰り返しています。イテレーションのなかで時間を作り、次の計画セッションに備えて、顧客と一緒にユーザーストーリーを準備しなければいけません。ふりかえりで出たアクションについても、イテレーションの終わりまでに片づける必要があるのです。

　問題があったとしても、そのことに慣れていたり、解決不可能だと判断したりしていれば、問題そのものをあげてこないということもあります。コーチとしては、探究心を持ち続けてください。そして、改善の機会がないかと目を光らせてください。チームメンバーがコーチのサポートを必要としていることは、デイリースタンドアップからわかることが多いのです。何が話され、何が話されていないかを注意深く聞き、変なしぐさをしてないかを注意しながら目にして、チームを読み解きましょう。

- 全員が参加していますか？ やる気はありますか？ 活気はありますか？
- 進捗はできていますか？ 優先順位の高いタスクをやっていますか？

- 一緒になって働いていますか？ お互いに助け合っていますか？
- 集中して邪魔されずに仕事ができる状態にありますか？

チームが計画を見失っていることが深刻でない限り、ミーティングが終わったら上記の観点から様子を見てみましょう。あるいは、次のふりかえりまで議論を先送りするようにしてください。

5.6 苦難

あなたがこれから遭遇する可能性のある苦難を紹介します。

ミーティングに遅刻する

遅れてきた人たちのために同じ話をするのはやめにしましょう。他の人たちに失礼ですし、遅れてもいいという意味に受け取られてしまいます。

デイリースタンドアップに遅れてきた人には、罰金を払わせるというチームと働いていたことがあります。このチームではうまくいっていましたが、たまに喜んでお金を払う人がいるので注意しましょう（慈善事業やチームの飲み代に使われるなら、遅刻してもいいと思う人がいるのです）。

常に遅れてくるようならば、本人と話をしましょう。そして、何が問題であるのかを理解するようにしましょう。目覚まし時計が壊れているのかもしれませんし、仕事に対する興味がなくなってしまったのかもしれません（やる気を起こさせる提案については、「4.4　チームをやる気にさせる」参照）。遅刻の原因が何であれ、チームのミーティングに参加してもらうには、彼に何かを変えてもらわなければいけません。

自分の振る舞いを自覚してもらうために手を貸しましょう。それだけで変わってもらえるかもしれないからです。遅刻によってチームメイトが迷惑していることに気づいているのでしょうか？ 遅刻することで他の人にどのような影響を与えているかを説明してあげましょう。

大きな見える化チャート

by レイチェル

　以前、一緒に働いたチームにはヴィッキーというシニア開発者がいました。彼女はデイリースタンドアップにしょっちゅう遅刻していました。そして、自分が遅刻してくる頻度を理解していませんでした。彼女としては、月に1〜2回ぐらいだろうと思っていたのです。彼女の行動は、若手の開発者たちにも連鎖反応を引き起こしました。ヴィッキーが遅れていいのなら、自分たちだって遅れていいだろう、というわけです。

　チームはふりかえりでこのことについて話し合い、チームボードに記名式のチャートを作ろうということになりました。デイリースタンドアップに遅れるたびに、遅刻した人は

チャートに自分の名前を書くのです。ヴィッキーは自分がそれほど頻繁に遅れているとは思っていないため、気まずいとも思っていませんでした。これはチームに対するフィードバックの仕組みであり、実際の遅刻の頻度をチームに知らせるものでした。ヴィッキーは自分の名前を何度か書いたところで、時間どおりに来るようになりました。他のメンバーも同様です。2週目には、全員がデイリースタンドアップに十分間に合う時間に出社するようになりました。

　問題を計測するチャートを作ることで、実際に問題を軽減できました。情報を計測して見える化するというチームの決断が、いかに行動に影響を及ぼすのかという例でした。

ミーティングの時間が長すぎる

　デイリースタンドアップにいつも15分以上かかっているようなら、もっと早くする方法を考えましょう。この場合は、マニュアルどおりの質問を忠実にやることを強くお勧めします。チームメンバーが順番に答えていき、それが終わるまで議論は始めない、という方法です。

　昨日やったことを逐一挙げる必要はありません。そのことをチームに伝えましょう。チームメイトが全体像をつかむために必要なことだけを説明してもらいましょう。今日のタスクに関連することや、ストーリーを納期までに届けることに関連する情報にフォーカスしましょう。

　10人以上の大人数のチームの場合は、1人ずつではなく1つのユーザーストーリーごとに最新情報を聞くようにすれば、デイリースタンドアップを早く進められるでしょう。ただし、デイリースタンドアップはやりやすくなりますが、根本的な問題が残ります。大規模チームで当事者意識を共有することの難しさです。

　この規模になると、他のメンバーの話を聞かない人が出てきます。仕掛り作業がどんどん増え、すべての詳細を理解しておくことが難しくなってきます。自分と関係のないストーリーも出てきます。そして、自分のタスクだけを気にするようになると、チームは崩壊していきます。

　大規模チームの解決方法は、いくつかのサブチームに分けて、別々に作業計画を立ててもらい、少人数でデイリースタンドアップを開催することです。そのあとで、サブチーム同士が連携する別のミーティングを開きます。このミーティングを**スクラムオブスクラム**と呼びます。

ミーティングがハイジャックされる

　チームと話をするのにちょうどいいからと、デイリースタンドアップの時間を奪う「ハイジャック犯」がいます。この手の人は、わざとデイリースタンドアップの邪魔をしようとしているわけではありません。アジャイルのライフサイクルを理解していないだけなのです。ミーティングの最中に食ってかかるのではなく、終わってから話しかけるようにしましょう。

こうした「ハイジャック犯」は、サポートが必要だとか、営業会議のためにデモを作ってほしいといった理由で、チームの外からデイリースタンドアップにやってきます。デイリースタンドアップに参加してもらうのは歓迎しますが、ここは計画されているストーリーについて話す場であることを説明してください。何か要求があれば、顧客と話してもらいましょう。そうすれば、次の計画ミーティングで検討できるかもしれません。

マネージャーやチームリーダーも「ハイジャック犯」になる可能性があります。

デイリースタンドアップの乗っ取り

by レイチェル

レイは、自分のチームにアジャイルを導入しました。デイリースタンドアップミーティングを開催したり、イテレーション計画を壁の前で続けたりできるように、チームの部屋を用意しました。彼は、毎朝チームの部屋に一番に向かい、ビーンバッグチェアにどかっと座って、他のメンバーが来るのを待ちました。みんなも部屋に入ると、同じようにビーンバッグチェアにどかっと座って、レイの開始を待つのでした。

デイリースタンドアップは2部に分かれていました。前半はチームの進捗を聞く時間で、後半は問題の確認とその日の仕事を割り振る時間でした。デイリースタンドアップはいつも30分もかかっていましたが、実際にはレイとチームメンバーが個別に会話をしているだけでした。

これは時間の使い方が下手なのです。これではチームが当事者意識を持ち、自己組織化することはできません。チームからしてみれば、自分たちが机で仕事をしているときに、レイがみんなに話を聞いて回ればいいと思ってしまいます。そうすれば、少なくともレイが他の人と話しているあいだは、自分の作業を進めることができます。

私はレイにデイリースタンドアップの目的を伝えましたが、彼は自分のやり方に問題があるとは思っていないようでした。そこで、別の角度から試してみることにしました。彼を連れて、他のチームのデイリースタンドアップを見に行ったのです。そこでようやく彼は、チームにお互いのことを報告してもらい、自分たちのタスクは自分たちで決めさせればいい、ということに気づいたのです。

驚くかもしれませんが、この物語よりもさらに悪い話があります。もうひとつの「シットダウン（座ってやる）デイリースタンドアップ」の例は、あるプログラムマネージャーが運営していました。こちらは、チームにスプレッドシートを渡し、何も言わずに記入してもらうというものでした。

デイリースタンドアップのやり方を理解していない人を批判してはいけません。アジャイルの仕組みを教育すれば、矯正することは可能です。アジャイルの研修を受けさせてあげられないでしょうか？　社内の他のチームのデイリースタンドアップを一緒に見学しても構いません。あるいは、あなたがデイリースタンドアップの見本を示してあげることも可能です。学んだことを実際に試してみようとしていると

きは、まずはあなたは観察者になってください。そして、デイリースタンドアップが終わってから、フィードバックをしてあげるといいでしょう。

チームが計画したタスクをやっていない

実際に作業を始めると、ユーザーストーリーのタスクが変わることがよくあります。やるべきことを理解できるようになるからです。その場合は、新しいタスクを書いたカードをチームボードに追加してもらいましょう。そうすれば、現在の計画が明確になります。また、不要になったタスクは破棄してもらいましょう。そうすれば、デイリースタンドアップで話すことと、チームボードにあるタスクを一致させやすくなります。

チームメンバーが現在のプロジェクトではなく、他のプロジェクトの作業をしているときには注意しましょう。計画にあるストーリーをデリバリーできなくなってしまう可能性があります。そうしたリスクがある場合は、顧客に通知するようにチームに伝えましょう。

稼働中のプロダクトをサポートしている場合は、新機能の開発だけでなく、計画外の作業が発生することがよくあります。アジャイルチームはプロジェクトの初期からソフトウェアをデプロイするため、こうした状況がよく発生します。顧客と協議して、あらかじめサポートの予算を（人日ベースで）策定しておき、サポートにかかる時間を計測することをお勧めします。サポートのタスクには普段とは違う色のカードを使い、チームボードに貼りましょう。新機能の開発よりも優先順位が高くなっていれば、そのことがひと目でわかります。

デイリースタンドアップをやりたがらない

隠しごとができないという理由で、デイリースタンドアップを怖がる人がいます。終わっていないタスクがあれば、スタンドアップで明らかになってしまうからです。誰かがデイリースタンドアップに参加したくないと言い出したときは、何かに行き詰まっていたり、身を隠そうとしたりしているかもしれません。作業の進み具合を確認するようにしましょう。

チーム全員がデイリースタンドアップに反対している場合は、もっと深刻な問題に対応しなければいけません。チームとして働くことに苦労しているか、ミーティングの進め方が悪いといったことが考えられます。そういう場合は、ふりかえりの時間に、心配事についてみんなで話し合ってみることを提案しましょう。

立っていられない人もいる

健康上の理由で、デイリースタンドアップで立っていられない人がいる場合もあるでしょう。たとえば、腰が悪いとか、妊娠しているとかです。彼らもチームの一

員であると感じられるように、受け入れられる方法を探しましょう。他の人たちが立つのであれば、その人の前に立ったり後ろに立ったり**せずに**、必ずチームの輪に入れるようにしてください。ただし、その人を輪の中心や外側に置きたくない場合もあるでしょう。目線の高さを合わせられるように、全員が着席してミーティングをやることも検討してください。とはいえ、あなたまで座ってしまったら時間が長くなりそうです。気をつけてください。

5.7　チェックリスト

- チームボードの前でデイリースタンドアップができるような場所を探しましょう。職場に部屋がないなら、持ち運び可能なチームボードを使いましょう。
- デイリースタンドアップの時間はチームに決めてもらいましょう。全員の勤務時間が合わない場合は、1日2回以上やっても構いません。
- 答えは手短に済ませるようにチームに伝えましょう。マニュアルどおりの3つの質問は、チームを始動させるときは役に立ちますが、デイリースタンドアップの会話がそれに縛られるようではいけません。
- デイリースタンドアップがスムーズに進むようにしましょう。会話のトークンがあると、チームをうまくコントロールできます。
- 顧客にもデイリースタンドアップに参加してもらい、進捗や最新状況を聞いてもらいましょう。
- 出てきた課題をホワイトボードなどの見えるところにまとめましょう。チームと一緒に優先順位をつけ、きちんと追跡しましょう。
- ふりかえりでは、デイリースタンドアップの有効性をレビューしましょう。デイリースタンドアップの形式をいくつか試してみましょう。

フェイスツーフェイスが最高のコミュニケーション方法である。
——指導原則

第6章

何を作るかを理解する

Understanding What to Build

　価値のあるソフトウェアを届けたければ、チームメンバーはユーザーとビジネスの両方の利益を深く理解する必要があります。そのために役に立つのが**ユーザーストーリー**です。ユーザーストーリーは、アジャイルチームが行うあらゆる仕事の下支えになります。つまり、計画、開発、テストの基礎となるものです。

　ユーザーストーリーに移行することに苦労しているチームをよく見かけます。それは、ユーザーストーリーを要件定義文書のように扱い、何も質問することなく、おとなしく受け入れているからです。これでは肝心なところを理解できていません。ユーザーストーリーで重要なのは「質問する」ことです。質問することで、ユーザーのニーズを理解したり、要件を分割する方法を見つけたりするのです。

　本章では、ユーザーストーリーをチームに紹介する方法と、よくある落とし穴を回避する方法を説明します。

6.1　ユーザーストーリーのライフサイクル

　ユーザーストーリーのライフサイクルを説明するために、蝶々のライフサイクルと比較してみましょう。

　ユーザーストーリーはアイデアから始まります（卵です）。アイデアからは会話が孵化します。アイデアが成長し、形を変えていくのです（イモムシです）。そして、会話は具体的なテストケースに収束します（サナギです）。こうしたテストケースには、ソフトウェアに求められる挙動や具体的な形状が含まれます。また、これらはストーリーテストに包まれています。そして、最終的に動くソフトウェアが姿を現します（美しい蝶々です）。ソフトウェアが完成して、そこからユーザーからのフィードバックや新しいアイデアが生まれたら、再びこのサイクルが回り始めます。アジャイルチームは、このようなライフサイクルのユーザーストーリーをいくつも保持しています。

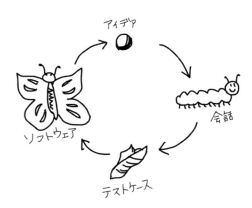

　ユーザーストーリーは顧客との会話によって、時間をかけて形を変えていきます。このことをチームが理解できるように支援しましょう。あまりにも早く内容をかためてしまうと、ユーザーストーリーの恩恵を受けられません。何を実装すべきかの理解を深めていくために、チームには何度も質問してもらうようにしましょう。

　ロン・ジェフリーズは、ユーザーストーリーの3つの重要な側面を「3C」としてまとめました [Jef]。

カード (Card)
　　グループの会話を促進するために、ユーザーストーリーはインデックスカードに書く。
会話 (Conversation)
　　質問を繰り返しながら、ユーザーストーリーを分割する方法を提案する。
確認 (Confirmation)
　　ストーリーが完成したかどうかを評価するために、どのようなテストにすべきかをみんなで決める。

　「カード、会話、確認」の3Cをチームに紹介して、このすべての要素を忘れないようにしてもらいましょう。

6.2　会話を促す

　ユーザーストーリーについて会話をすることで、何を作る必要があるかをチームが理解できるようになります。こうした会話は、開発者とテスターを中心にして進める必要があります。ストーリーの内容を顧客に確認しながら進めてもらいましょう。実装できる程度には、深く理解する必要があるでしょう。チームが何を作るべ

きかをよくわかっていなければ、勝手に推測するのではなく、顧客に質問することを思い出してもらいましょう。

リズの言葉
会話を始めましょう

チームと顧客の会話の触媒になって、チームが正しいものを作っているかを確認してね。たとえば、開発者が何を作るべきかに困っていたら、こんなふうに話しかけてみるの。

「ケイトとは話してみましたか？ 顧客は彼女だから、きっと力になってくれますよ。ケイト、今少し時間ありますか？」

両者の会話が始まったら、そっと会話から外れてもいいわ。チームがこういう会話をできるようになってきたら、パーティーのホストとしてのあなたの役割はおしまい。

その他の会話は、将来のイテレーションにおけるユーザーストーリーの話になるでしょう。こうした会話は、顧客からもたらされます。顧客はいつどのようなものが開発できるかを早い段階で知る必要があるからです。そのためには協力が必要です。顧客は技術的詳細やチームの能力をよく知りません。今後のストーリーをよく知るために、チームに積極的に話しかけてもらうようにしましょう。

ただし、ユーザーストーリーに関する会話は、計画ミーティングまで待つようにしてください。深く考えられていないストーリーについて議論すると、チームの時間がムダになります。それでも会話が必要ということであれば、顧客と数名の開発者やテスターで小さなグループを作り、新しいユーザーストーリーについて話し合ってもらいましょう。そして、あとからチーム全体でレビューしましょう。

6.3　カードを使う

ユーザーストーリーを記録するために、計画ミーティングでコンピューターとプロジェクターを使っているアジャイルチームをよく見かけます。しかし、これでは会話が途絶えてしまいます。チーム全体でプロジェクターの画面を見つめ、誰かがユーザーストーリーを更新するのを待つことになるからです。ユーザーストーリーに関する情報の記録には、インデックスカード（や付箋紙）を使いましょう。表計算ソフトの行を移動するよりも、テーブルでカードを並び替えたほうが、はるかに整理しやすいはずです。

まずは、ストーリーにカードを使う方法をチームに示しましょう。話を聞いたストーリーをひとつずつカードに記入します。それから、テーブルのみんなが見える位置にカードを配置します。そうすれば、みんなが新しいカードを追加することができます。

会話の言葉がきちんとカードに記録されているかを確認しましょう。正確に記録されていない場合は、顧客にカードの修正や書き直しを提案しましょう。議論しているストーリーを変更したときは、そのことをカードに記録しましょう。あるいは、既存のカードを破棄してから、新しいカードに書き直しましょう。

レイチェルの言葉
破って捨てるのよ

覚えておいて。インデックスカードはユーザーストーリーの現在の理解を反映したものなの。議論したあとにストーリーが変わったら、それまで使っていたカードは迷わずに破って捨ててね。すぐに新しいカードを作るようにして。

計画ミーティングごとにカードが何枚も破られているといいわね。そうなっていなかったら、チームと顧客の関係が築かれていないんじゃないかと心配だわ。ユーザーストーリーの分割方法について、もっと質問したほうがいいんじゃないかしら。

ミーティングの途中から、あなたがカードを書くのはやめましょう。誰かが新しいアイデアを提案したら、その人にカードを書いてもらうようにしましょう。たとえば、このように伝えるといいでしょう。

> カードを書いて手本を見せたあとは、書くのをやめましょう。

「忘れないように、そのことをカードに書いてもらえる？」

あるいは、こちらから指図しなくても、他の誰かがペンを取り、カードに書いてくれるまで待ちましょう。こうしたことは自然に発生します。複数人で会話していると、1人で記録するだけでは間に合わなくなるので、すぐにチームが手伝ってくれるのです。

全員でカードを書けるように、カードとペンをまとめてテーブルの中央に置いておきましょう。ただし、テーブルの中央に置いてうまくいくのは、小さなテーブルに少人数が集まったときだけです。5人を超える場合は、水平ではなく垂直に配置し

ましょう。たとえば、付箋紙を壁（や持ち運び可能なチームボード）に貼りつけたり、インデックスカードを再剥離のりをスプレーしたフリップチャートに貼りつけたりしましょう。そうすれば、首を曲げたり、上下逆さまにカードを読んだりする必要はなくなります。

カードは計画ミーティングだけでなく、いつでもチームが使いやすいようにしておきましょう。文房具は（棚にしまうのではなく）チームのワークスペースに用意しておきましょう。また、収納ボックス、クリアケース、クリップなどのカードを整理する文房具も手に入れておきましょう。

こうしたカードはチームボードに貼りつけ、デイリースタンドアップで参照することになります。チームにそのことを伝えておきましょう。一貫性のある書き方をしておけば、使いやすくなる

> ストーリーカードは一貫性のある書き方をしましょう。

はずです。まずは、上部に短いタイトルを書きましょう。番号で参照するチームもありますが、それだと会話に追いつくのが難しくなります。ボードに近づかなくても読めるように、タイトルは大きな文字ではっきりとマーカーで書きましょう。見積りを書くときも（「7.3　規模を見積もる」参照）、カードの右下など、常に同じ場所に書いておくと便利です。

ストーリーテンプレート

ユーザーストーリーを使うのがはじめてなら、以下のようなストーリーテンプレートをチームに提案するといいでしょう。

> ○○というユーザーとして、
> ○○という機能がほしい。
> そうすれば、○○という利益が得られる。

たとえば、以下のような感じです。

> 本の購入者として、
> その本の顧客レビューが見たい。
> そうすれば、本を買うかどうかを決められる。

このテンプレートを使えば、ユーザーが誰であり、そのストーリーを開発することで、どのような利益がもたらされるのかをチームに理解してもらうことができます。

チームは「〜として」の部分を埋めるために、さまざまなユーザーを深く理解する

82 第6章 何を作るかを理解する

必要があります。ステークホルダーマップを描いたり、写真つきのペルソナを作ったりするといいでしょう。可能であれば、建物の外に出て、実際に使ってくれそうな人に会いに行ってもらいましょう。

ユーザーと接触しないまま、やみくもにテンプレートを使っているチームもあります。「開発者として」や「XMLフィードエンジンとして」のように、すべてのストーリーを無理やりテンプレートに当てはめようとしているのです。このテンプレートを使っても、ユーザーとのやり取りがなければ、チームが要求を理解することにはならないので、使う意味がありません。そのことを理解してもらいましょう。

ストーリーテンプレートの目的は、単に穴埋めをすることではなく、もっと理解するために、質問できるようになることです。そのことをチームに伝えましょう。ユーザーストーリーの扱いに慣れてきたら、テンプレートの使用を中止しても構いません。短いタイトルだけで十分です。その他の情報は、会話のリマインダーにすぎません。テンプレートの使用の有無にかかわらず、ユーザーストーリーは顧客も含めたチーム全体が理解できる言葉で書きましょう。

ストーリーが動くソフトウェアとして実装されたら、詳細については、カードではなくテストに頼ることになります。カードは捨てても構いませんが、たまに読み返せば作成時の会話について思い返すこともできるでしょう。そうすれば、関連するストーリーをその後のイテレーションで追加するときに便利です。私たちが一緒に働いている多くのチームも、そうした目的で過去のイテレーションのカードを保持しています。ただし、あとで読み返すことはほとんどありません。

6.4　詳細を確認する

チームが、基本的なストーリー、誰がユーザーなのか、解決しようとしている問題は何なのかを理解したら、詳細について議論し、具体的な実装の挙動について合意する必要があります。チームと一緒にストーリーのスコープを決め、「完成 (*done*)」するまでにパスすべきテストとして記述しましょう。こうした**ストーリーテスト**[1]によって、チームは何を作ればいいか、どれだけの作業量が必要なのかを明らかにできます。

ストーリーテストは、まずはストーリーカードの裏側に箇条書きで記述します。次のイテレーションで計画するまでは、その程度の詳細レベルで十分だとチームにアドバイスしましょう。こうした記述は、イテレーションで実行可能なテストスクリプトを書くときの基盤になります。

顧客にテストを書いてもらおうとするチームを見かけることがありますが、それはあまりうまくいかないでしょう。ビジネスパーソンは、すべてがうまくいったと

---

[1] 「ストーリーテスト」以外に「受け入れ条件」と呼ぶこともあります。

きに何をするかだけを考えています。つまり、うまくいかない可能性については考えていないのです。そのことをチームに理解してもらいましょう。たとえば、顧客が書籍の検索について考えるときは、そこでユーザーとして何ができるかに集中してしまいます。結果が表示されなかったときのことは考えないのです。

ここで**テスト**という言葉が登場しましたが、この言葉には気をつけましょう。これから技術的な会話が始まると思い、顧客が姿を消す可能性があるからです。チームには、専門用語で怖がらせるのではなく、現実的な実例を引き合いに出しながら、ストーリーテストについて説明してもらいましょう。実例を使えば、ソフトウェアが何をすべきであり、どうすれば顧客ニーズを満たせるかを確認できます。また、エラーハンドリングが必要な状況をチームが調査できるようになります。

まずは、ユーザーがゴールを達成するまでのシンプルなユーザーインタラクションをウォークスルーしてみましょう。それから、チームから顧客に以下のような質問をしてもらいましょう。

- ユーザーが入力するデータは何ですか？
- ユーザーが目にするものは何ですか？
- 把握しておくべきビジネスルールはありますか？

ユーザーインターフェイスのスケッチが役に立つかもしれません。鉛筆でラフに下書きしたもので構いません。チームが理解する必要があるのは見た目ではなく、コンテンツとインタラクションです。

次に、うまくいかなかったときのことをチームから質問してもらいましょう。どのような入力データを処理する必要がありますか？ 不良データや現実的なデータ量について考えてみましょう。また、こうした探索段階では、テストスクリプトを書く必要はないことをチームに知らせましょう。したがって、境界条件を網羅する必要もありません。

それでは、ユーザーストーリー「買い物客として、本を書名で探したい。そうすれば、その本を購入できる」のテストの例を紹介しましょう。ここでは、**Given-When-Then**（前提 - もし - ならば）[Nor06]というストーリーテストのテンプレートを使っています。

- **前提**として、ユーザーが検索ページを閲覧しており、「アジャイルコーチング」（1件の検索結果）と入力したとする。**もし**ユーザーが［検索］ボタンをクリックした**ならば**、書籍の詳細情報（書名、著者名、書影、内容紹介、価格、レビュー）と［ショッピングカートに入れる］ボタンが表示される。

- **前提**として、ユーザーが検索ページを閲覧しており、「テスト駆動開発」（複数件の検索結果）と入力したとする。**もし**ユーザーが［検索］ボタンをクリックした**ならば**、書籍の概要（書名、著者、価格）が価格順に表示され、各概要の隣に［詳細を見る］ボタンが表示される。
- **前提**として、ユーザーが検索ページを閲覧しており、「ウォーターフォールコーチング」（0件の検索結果）と入力したとする。**もし**ユーザーが［検索］ボタンをクリックした**ならば**、「検索に一致する書籍はありませんでした。」と表示される。

テストの数が少なければ、ストーリーカードの裏側に書くだけでいいでしょう。あるいは、テストを別のカードに記入して、ユーザーストーリーのカードにクリップで留めるといいでしょう。ただし、クリップで留めるカードが増えすぎないように注意しましょう。その場合は、ストーリーが大きすぎるか、詳細すぎるのです。

それでは、ストーリーテストを作成する様子を見ていきましょう。

ストーリーテストの作成

アマンダはプロダクトマネージャーです。オンライン書店の顧客役を担当しています。デイリースタンドアップで彼女は、既存のウェブサイトにISBNによる検索機能を追加するとしたら、どれくらい難しいのかとチームに質問しました。ダミアン（開発者）とラリー（テスター）が、自発的にストーリーの詳細を調べてくれました。そして、初期の見積りを出すことができました。

「どうしてユーザーはISBNによる検索が必要なんですか？ すでに著者とキーワードで検索できますよね」

ダミアンが質問しました。

「先日のユーザビリティテストで話題になったのよ。急いでいるユーザーのなかには、既存の検索メニューを使うのが煩わしい人もいるんですって」と、アマンダが説明しました。

ダミアンが眉をひそめてこう言いました。

「検索の仕組みを変える必要はありませんよね？ 詳細は考えないといけませんが、簡単な修正になると思います」

アマンダはうなずいて、ストーリーカードにこう書きました。

ISBNによる書籍の検索

これから書籍を購入する者として、
ISBNを入力して書籍を検索したい。
そうすれば、時間をムダにせずに、
お目当ての書籍まで直接たどり着ける。

次に、実例の議論と実装に移ります。たとえば、「1934356433」のようなISBNを入力すると、書籍の結果ページが表示されます。テンプレートはすでにサイトに存在するので、何を表示すべきかまで話し合う必要はありません。ダミアンがこのストーリーテストを書きました。

ストーリーテスト①

前提として、
ユーザーがフロントページまたはカタログページを
閲覧している。
もしユーザーが有効なISBNを入力して
[検索]ボタンをクリックしたならば、
書籍の詳細情報のページが表示される。

※「有効な」とは、10桁または13桁の数値のこと。
ハイフンの有無は問わない。

「ISBNを完全に入力する前に［検索］ボタンを押したらどうなりますか？ ISBNの部分一致に対応する必要はありますか？」

ダミアンが質問しました。

アマンダは一瞬考えこみました。そして、このように答えました。

「それはやめましょう。ストーリーの趣旨に合わないわ。通常の検索結果なしのページに誘導できる？ それから、お勧めの書籍を3冊ほど表示できるといいわね」

ダミアンは、2枚目のカードにそれを記入しました。

テスターのラリーが、そのカードを読みました。

「これは、13桁のISBNも対応させる必要がありますか？」

アマンダはうなずきました。ラリーは、1枚目のストーリーカードの最下部にメモ（※以下の部分）を追加しました。

「数値を入力したときだけ結果を返せばいいですか？ 空白やハイフンはどうしますか？」

そこで、ダミアンが補足しました。

「取り除くのは難しくないですよ。空白やハイフンがあっても大丈夫にしましょう」

「いいアイデアね」

アマンダも賛成しました。

これでチームメンバー全員がこのユーザーストーリーを理解し、見積りができるようになりました。

　この物語が示しているのは、複数のテストについてあれこれ考えながら、ユーザーストーリーにテストを追加していく様子です。

　ユーザーストーリーは、ユーザーのニーズについて会話をしながら、チームが顧客について理解するシンプルなテクニックです。あなたはコーチとして、要求をそのまま文字どおり実装するアジャイル前時代の悪習慣から脱却し、理由を質問しながら代替案を提示できるようにチームを仕向けましょう。カードの使い方の見本を示し、ユーザーストーリーの会話にチームを参加させ、積極的にアイデアを提案したり、詳細をストーリーテストに記述したりしてもらいましょう。

6.5　苦難

　あなたがこれから遭遇する可能性のある苦難を紹介します。

ユーザーが触れる機能がない

　ユーザーストーリーは、人間のユーザーによる要求を記述するときに効果を発揮します。ですが、インフラやアーキテクチャを刷新するプロジェクトでは、ユーザーが触れる機能がないことが多いでしょう。

　その場合は、テンプレート（○○として、○○がほしい。そうすれば、○○。）は使えません。ですが、「誰がほしいの？　それはなぜ？」という質問は、作業の優先順位を理解するときに使えます。チームは、解決すべき問題、それによってもたらされる利益、ストーリーがデリバリーされたことを確認するストーリーテストについて、会話をすることができるでしょう。

　また、ユーザーストーリーは、大量にある技術的タスクを意味のある記述に包み込むためにも使われます。それにより、顧客やマネジメントは、各イテレーションで何をやるのかを理解しやすくなります。開発者が使うようなライブラリやコードに関連する専門用語で記述されていると、顧客にしてみれば、まるで暗号であるかのように見えてしまいます。

　たとえば、「WIBLv2をFredにインストールする」のようなインフラ作業の記述があったとします（WIBLv2はライブラリの名前、Fredはウェブサーバーの名前です）。これでは、なぜこの作業が必要なのかがわかりません。たとえば、WBLv2にアップデートするのは、アジアの市場で使用されるキャラクターセットに対応するためだ

としましょう。これをユーザーストーリーに書き直すと、こうなります。

> プロダクトマネージャーとして、
> 書籍情報をアジアのキャラクターセットで表示させたい。
> そうすれば、アジアの市場でも書籍が売れるからだ。

　こうすれば、この作業を行う理由が明らかになります。最初の記述「WIBLv2を
Fredにインストールする」は、新しく書いたユーザーストーリーを実装するための
タスクです。また、新しく書いたユーザーストーリーによって、その動作を確認す
るためのテストをチームが書けるようになるといいでしょう。

要求を文書化する必要がある

　ソフトウェア要求を文書化するように強制している組織もあります。なぜなら、
そのような組織の多くは規制の厳しい業界であり、追跡可能なプロセスに従ってい
ることを示す必要があるからです。あるいは、情報を運用チームなどの他のチーム
に引き継ぐ必要があるからです。

　そのためにユーザーストーリーを使うこともできますが、きちんと文書化する必
要があるでしょう。ストーリーを電子的に記録する最も手軽な方法は、デジタル写
真を撮ることです（あるいはコピーでもいいでしょう）。また、ユーザーストーリー
の議論で描いたホワイトボードのスケッチも記録したいはずです。もっと本格的な
ドキュメントが必要であれば、議論が終わってから清書するといいでしょう。

　コードとドキュメントを同期させるもうひとつのアプローチは、FITなどのテス
ティングフレームワークを使い、ストーリーテストを「実行可能な要求」として記述
することです[2]。

チームが集まれない

　チームメンバーが離れたオフィスにいる場合は、カードや付箋紙は使えません。
ですが、ユーザーのニーズについて会話したり、ストーリーの実装を確認するため
のストーリーテストについて議論したりするために、ユーザーストーリーを使うこ
とは可能です。インデックスカードを使う代わりに、最も簡単なことをやりましょ
う。たとえば、デスクトップ共有ソフト（NetMeetingやWebExなど）を使えば、場
所が離れていても同じ画面を見ることができます。また、物理的なインデックスカー
ドを使う代わりに、バーチャルな付箋紙が使えるソフトウェアを使いましょう。

---

[2] http://fit.c2.com/

88　第6章　何を作るかを理解する

6.6　チェックリスト

- 「カード、会話、確認」の3Cをチームに紹介して、ユーザーストーリーに欠かせない3つの要素を覚えてもらいましょう。顧客と会話しながら、ユーザーストーリーを洗練してもらいましょう。

- ユーザーストーリーの書き方のお手本を見せたら、あとはチームが自分たちで書けるように、あなたが書くのはやめましょう。

- カードやメモはチームのスペースやミーティングの場所から見えるようにして、いつでもストーリーについて議論できるようにしましょう。

- 「○○というユーザーとして、○○という機能がほしい。そうすれば、○○という利益が得られる。」は便利なテンプレートです。ただし、これは穴埋め問題ではありません。チームに質問を促すためのものでなければいけません。正しい質問ができるようになれば、テンプレートの使用を中止しても構いません。

- 計画セッションが始まるまでに、顧客がストーリーの詳細に取り組めるように支援しましょう。チームメンバーの数人に参加してもらえれば、質問やストーリーテストの提案をしてくれるので、ユーザーストーリーがうまく形になるはずです。

計画は達成可能でなければならない。
——指導原則

第7章

前もって計画する

Planning Ahead

　長時間のミーティングが好きな人はいません。とはいえ、現実的な計画を作るためには綿密な話し合いが必要です。では、チームが計画ミーティングで適切なバランスを取るにはどうすればいいでしょう？

　チームに異なる粒度の計画を立ててもらうのです。数か月先を見据えたざっくりした計画と、次のイテレーションのための詳細な計画の両方が必要になるでしょう。

　計画づくりは、あなたが好きな野菜炒めを作るのと似ています。

準備する

　チームみんなで（特に顧客と一緒に）、ミーティングの前にユーザーストーリーを準備しておきましょう。利益を見失わない程度にユーザーストーリーをスライスしましょう。

ひとつずつ炒める

　一度にいくつも話をしないようにしましょう。ストーリーをどう実装するかについて話していたのに、そのストーリーが他に比べてどれだけ重要かという話を始めてしまったら、議論が堂々巡りになります。

引き続き炒める

　ミーティングをスムーズに進めましょう。そして、会話に再びフォーカスして、話が行き詰まらないようにしましょう。

火加減を調節する

　チームは、想定よりも多い作業をイテレーションで終わらせなくてはいけないと追い詰められているかもしれません。詳細に設計をしてもらえば、過去のデリバリー量（ベロシティ）を考慮して、より現実的な見積りができるようになります。

レシピの秘密は準備段階にあります。

7.1　計画するための準備をする

計画づくりの日までに、チームと顧客でユーザーストーリーを準備してもらいましょう。チーム全員ではなく、2〜3人のメンバーで構いません。

それでは、チームに計画の手順を説明しましょう。

優先順位を理解する

顧客が次のイテレーションでリリースしてほしいユーザーストーリーについて、みんなで話し合うところから始めましょう。

規模を見積もる

ストーリーが理解できたら、デリバリーするまでに何をしたらいいかを考えてもらいましょう。

計画に合意する

現実的に何がデリバリーできるかについて合意し、ミーティングを終えましょう。

何をすべきかをよく理解しているチームは、全ステップを終わらせるのに1時間もかかりません。複雑な問題を扱っている新しいチームであれば、もっと時間がかかるでしょう。やることが多すぎるようであれば、各ステップを別々のミーティングにすることを提案してみてください。

チームと協力して、事前に計画ミーティングのアジェンダを作っておいてください。何がいつ起きるかをチームが把握すれば、きっちりと準備できるはずです。アジェンダはミーティングの最中にも役に立ちます。話がそれてきたら、アジェンダを見てもらい、話を元に戻しましょう。

7.2　優先順位を理解する

次のイテレーションやリリースに向けたゴールについて、顧客に説明してもらうミーティングを開くことを提案するといいでしょう。そこでは、ユーザーストーリーの紹介と、それらがどのようにゴールにつながるのかを説明してもらいます。顧客にはカードをテーブルに広げて、重要な順に並べてもらいましょう。**すべての**ユーザーストーリーが重要なことは十分にわかっているが、次のイテレーションですべてを完成させることはできないだろうと伝え、顧客の期待値を設定しておきましょう。

レイチェルの言葉
プロジェクター禁止

　ユーザーストーリーの作業をしているときは、プロジェクターを使うのはやめて。誰かひとりが入力しているときに、みんなで座ってスクリーンを見ているのはダルすぎるのよ。ミーティングが終わってからまとめて入力しなくて済むから、楽そうに思えるかもしれないけど、チームの貴重な時間がムダになってるわ。

　それよりも、顧客の準備を手伝ってあげて。インデックスカードに書いたユーザーストーリーをミーティングに持ってきてもらうの。電子的な記録については、ミーティングが終わった**あとで**、更新しておけばいいわ。

　でも、プロジェクターを**絶対に**使うなとは言ってないわよ？ UIやデザインを確認したいときは、そりゃプロジェクターを使ったほうが便利よ。

　顧客に質問しながら、ユーザーストーリーをさらに小さく分割する方法をチームに考えてもらいましょう。ユーザーストーリーを小さくして、そこに明確なストーリーテストをつければ、見積りはしやすくなり、デリバリーできる可能性も高まります。とはいえ、小さくしすぎてしまうと、ビジネスの観点から意味のある機能のかたまりではなくなってしまいます。

　それでは、次のイテレーションで着手するストーリーのテストをチームにレビューしてもらいましょう。ひとりずつストーリーを選び、テストを大きな声で読み上げると簡単にできるでしょう。規模を見積もるときに参考にするためにも、チーム全員がテストを把握しておいたほうがいいですよ。

7.3　規模を見積もる

　チームは仕事を見積もる前に、ソフトウェアの設計について話し合う必要があります。ストーリーの技術的な詳細のことをチームが掘り下げられるように、時間を確保してあげてください。

　ミーティングのこの部分は、顧客にとって有意義な時間の使い方ではありません。顧客に席を外しても構わないと伝えましょう。チームがユーザーストーリーをすべて見積もったあとで、また戻ってきてもらえばいいのです。チームにとってもそのほうが都合がいいでしょう。目に入るところに待っている人がいると、プレッシャーになるからです。

> 顧客に席を外してもらいましょう。

数字だけではありません

by レイチェル

　以前、一緒に仕事をしたことのあるプロジェクトマネージャーにアミールという人がいました。彼は、計画ミーティングの最中にイライラした様子でこう言ったのです。

「おい、いい加減にしてくれよ！ 俺は見積りの数字を知りたいだけなんだよ」

　アミールのせいでチームは「計画ミーティングはプロジェクト管理に必要なものを作る場」という間違った認識を持ってしまいました。彼は、重要なことをわかっていなかったのです。計画ミーティングは**何をするのか**を理解する場です。それを理解しないことには、どのくらい時間がかかるかを見極めることさえできません。チームは何が必要になるかの話もせずに、ただ「ストーリーに数字をつける」のではありません。また、それにはソフトウェア設計の議論が必要です。

　アミールにはミーティングのあとで私の見解を伝えました。彼はこちらの指摘を受け入れてくれました。そして、次のミーティングでは、技術的な議論をする時間を作ってくれました。しかし、チームが自信を持って、計画ミーティングで設計の話ができるようになるまで、少し時間がかかってしまいました。

　ホワイトボードを使い、設計の案を見える化してもらいましょう。計画ミーティングで詳細まで設計する必要はありません。見積り（やその他のストーリーの作業）に影響しない設計判断は、実際にそのストーリーを実装する人に任せましょう。

チームは計画が嫌い

by レイチェル

　以前、一緒に働いていたチームは、計画ミーティングのことが嫌いでした。その計画ミーティングは、午後ずっと休憩なしでダラダラと続くものでした。チームリーダーのエイミーが計画の主導権を握り、イテレーションが開始する前にすべてのストーリーの設計を決めようとしていました。経験豊富な開発者たちにとって、すべてのストーリーをタスクに分解することは、マイクロマネジメントのように感じられたのです。というのも、ソフトウェアの実装に取り掛かる頃には、設計の選択肢がほぼ残されていなかったからです。それよりもっと悪いのは、最初にチームが出した見積りよりも小さな数字になるように言いくるめるのが、彼女の常套手段だったことです。

　チームは、この長い計画ミーティングに対する懸念点をふりかえりで取り上げました。翌日、誰かがキッチンタイマーを持ち込み、議論の時間を「あと10分」に制限できるようになりました。しばらくすると、誰かがタイマーをセットしようと手を伸ばしただけで、それが議論を終わりにして次へ進むための合図になりました。

レイチェルの言葉
設計の議論を絶やさないで

アジャイルなチームに必要なミーティングは「アジャイルミーティング」（計画ミーティング、デイリースタンドアップ、デモ、ふりかえり）だけだ、というイメージを持ったチームがあったの。これは正しくはないわね。必要であれば、ソフトウェアの設計について話すミーティングをしたって構わないのよ。無理に計画ミーティングのなかで話そうとする必要はないわ。

タスクに分解する

　実装するのに数日もかかるような大きなストーリーは、タスクに分解してもらいましょう。タスクというのは、ユーザーストーリーのデリバリーにつながる（1日もかからない程度の）ちょっとした作業を指します。タスクに分解することで、ストーリーテストの不足がわかったり、ストーリーをさらに分割する方法が見つかったりします。ただし、すでに作業がはっきりしている場合は、そこからさらにタスクに分解するのはやりすぎです。

　仕事をタスクに分解することの利点は他にもあります。小さなタスクに分解されていれば、作業を分担しやすくなるので、同じストーリーを複数人で担当できるようになります。チームはタスクをチームボードに貼ることで、自分たちの進捗がわかるようになります。タスクの書き方に決まりはありませんが、遠くから見て読めるようにしておきましょう。

　作業中のコードベースのことを把握していないと、どの作業を終わらせるべきかといった話をリードするのが難しくなります。チームに向かってストーリーを読み上げ、次にやるべきことを質問してください。そして、チームが自分たちでアイデアを思いつくまで待ちましょう。

　チームが答えに困っているなら、以下のような質問を投げかけてみましょう。

- データベースの変更は必要？
- どうやってテストしようか？
- エディトリアルコピーやGUIのデザインアセットみたいに、他のチームから何かもらう必要はある？
- 「完成」の定義を満たすために、他にやらなければいけないことは？

当て推量をせずに見積もる

自分たちのやるべきことがわかったら、ストーリーを完成させるまでの期間を見積もる必要があります。この段階では、まだ誰がどのタスクをやるのかは決めず、みんなで協力して見積もりましょう。何かまずいことが起きたときのために見積りを膨らませておくことは**せずに**、終わらせるべき作業だけを考えてもらいましょう。次から次へと仕事が中断される日があるかもしれませんが、それらを事前に見積もるのはどうやったって無理です。

リズの言葉
書記はやらないように

ミーティングの記録係を引き受けないようにしましょう。チームを支えるためにできることだからと、ついついやっちゃうのよね。でも、これをやってしまうと、他のみんながミーティングに参加するのを妨げてしまうことになるの。そればかりか、ミーティングはチームのためのものではなくて、あなたの利益のためにやっているのだと思われかねないわ。チーム全員を巻き込むようにしてね。

見積りは当て推量とは違います。そのことを理解しておいてください。チームがコードベースのことを把握していなかったり、何か新しい技術を使おうとしていたりすると、これから何をすべきかについて皆目見当がつきません。そういうときは、いきなり見積りを始めずに、何をすればいいのかを調査してもらいましょう。午前中にユーザーストーリーを提示して、午後に見積りをしているチームもあります。このやり方であれば、開発者で何をすべきか話し合う前に、コードを見ることができます。

もう少し調査が必要であれば、**スパイク**をチームに提案しましょう。スパイクとは、コードを書くためではなく、ユーザーストーリーの見積りを出すために、期限を決めて行う調査のことです。ユーザーストーリーの理解が深まれば、次のイテレーションで再度検討できます。

> よりよい見積りをするためにスパイクをしましょう。

見積りに合意する

一番シンプルなのは、それぞれのストーリーについて話し合ってから見積もる、

というやり方です。5人以下の小さなチームであれば、たいていはこれでうまくいきます。もう少し人数が多いと、黙っていたり、会話に入ってこなかったりする人がでてきます。自信がないのかもしれませんし、誰かの意見に便乗できればそれで満足だからかもしれません。いずれにしても、その人からの意見を聞くことができません。全員の意見を聞くためには、プランニングポーカー(コラム「プランニングポーカー」参照)を取り入れるとよいでしょう。

▲ 図7.1　ストーリーカードマトリックス

ユーザーストーリーを見積もるたびに、ストーリーカードに数字を書き込んでテーブルに並べていきます。同じ見積りのストーリーカードを縦に並べ、**ストーリーカードマトリックス**を作ります。見積りの数字の順番で列を並べ替えれば、みんなが全体を理解できます。図7.1はその様子です[1]。これは、チームの見積りに一貫性を持たせてくれます。マイク・コーンはこれを「**三角測量**」と呼んでいます。

> 「この方法で見積もるときは、特定の基準やベースラインとを比較するわけではない。新しく追加されたストーリーを見積もるには、いままでに見積もったストーリーのいくつかと比較するのだ」

見積りやアジャイルな計画の作り方については、彼の『アジャイルな見積りと計画づくり』[Coh06]がとても参考になります。

---

[1] ケリー・ジョーンズ氏の許可により掲載。http://blog.livingroomarchitect.com/2008/08/story-card-matrix.htmlで詳しく解説されています。

プランニングポーカー

プランニングポーカー[Gre] の原作者は、ジェームズ・グレニングです。チームメンバー全員がカードを持ち、それを見積りに使います。手元のカードには「0、1、2、3、5、8、13、21」のように、見積りに使える数字が書かれています。その他には、ストーリーが大きすぎてお手上げだというときに使うカードもあります。そうしたカードには「！」や「99」のように、大きな数字が書かれています。

ストーリーを大きな声で読み上げてから、以下のことを行いましょう。

- 各チームメンバーは、手元のカードから見積りの数字を選び、テーブルの上に**伏せて**置きます。こうすると、他のプレーヤーの影響を受けずに見積もれます。
- 全員がカードを出し終わったら、表に返して比較し合います。
- 数字がそろっていれば、ユーザーストーリーの見積りが決まります。
- 数字が異なっていれば、なぜ難しい、または簡単だと思ったのかについてチームで話し合い、もう一度見積りをします。
- 見当もつかない人は「？」のカードを出すことができます。

プランニングポーカーがあれば、ミーティングに出席している全員を巻き込むことができます。それから、大きな声で先に言ったもん勝ち、ということが避けられます。主な特徴ではありませんが、プランニングポーカーを使うとミーティングが速く進みます。見積りがバラバラで合意ができないときは、短い話し合いをすることになります。この話し合いは、とても有意義なものです。ストーリーがどういうもので、どのように実装するかについて、それぞれの思い込みや考えていることが明らかになるからです。

プランニングポーカーはストーリーを見積もるためのひとつのやり方にすぎません。そのことを忘れないでください。イテレーション計画のときにこのテクニックを使い、十分に理解できている小さなストーリーを見積もろうとしているチームを見かけますが、これは適切ではありません。これは数か月先のリリース計画を作るために使うものであり、最初に着手するユーザーストーリーの規模を顧客がすばやく把握するためのものなのです。

7.4　レビューとコミット

計画づくりで次にやることは、ストーリーをイテレーションのスケジュールに当てはめてみて、チームのデリバリーを現実的なものにすることです。トレードオフを迫られることも多く、ここが最も大変な作業です。

チームのキャパシティを把握する

すべての見積りが終わったら、チームのキャパシティを把握する必要があります。そうすれば、ユーザーストーリーをどれだけデリバリーできるかを計画できます。

イテレーションを数回こなすとベロシティの平均値がわかるので、1イテレーションあたりのデリバリー量が見えてきます。

　チームのベロシティがまだわからない場合は、ざっくりとした計算で十分です。たとえば、チームに開発者が3人、テスターが1人、プロジェクトマネージャー（ドキュメント作成を手伝ってくれる人）が1人いるとします。イテレーションは2週間にしたいと考えています。イテレーションのうち2日はミーティングに、さらに数日はサポートのために取られるだろうと予想しました。ざっくり見積もって、1イテレーションあたりチームで30日分の仕事ができます。その後、開発者の1人が休暇で2〜3日いないことを思い出し、キャパシティは28日分ということになりました。

　チームにスペシャリストがいても負荷をかけてはいけません。そのことをチームに理解してもらいましょう。たとえば、JavaScriptがわかる人が1人しかいないのに、JavaScriptの作業だけで計画を埋めても意味がありません。知識のボトルネックがチームにとって問題なのであれば、チームのスキルを広げるための学習を計画に含めてもらいましょう。

イテレーションを計画する

　開発チームが着手する順番にストーリーカードを並べましょう。基本的には、優先順位が高いものを上位にします。リスク、依存関係、期日などを考慮して上位に移動する場合は、顧客への説明が必要になってきます。たとえば、以下の写真を見てください*2。チームがこれから数か月間でリリースするストーリーの概要がまとめられています。

　見積りの時間に顧客が席を外していたなら、ここで呼び戻しましょう。ストーリー

---

*2　このチームはスクラムをやっているので、イテレーションは「スプリント」と表現されています。彼らはステークホルダーの偉い人たち全員と遠隔ミーティングをやっていました。

を変えた部分があれば、順番にすべて説明してください。たとえば、ストーリーを分割して小さなストーリーにしたとか、新しいストーリーテストを追加したとかです。顧客はストーリーカードに書いてある数字を見て、優先順位を変えるかもしれません。計画にどのストーリーを含めるか、または含めないかの最終判断をする前に、まだ少し入れ替えがあると思っておきましょう。

リズの言葉
現実的にならなきゃ

　いくらチームや顧客がすべてのストーリーをデリバリーしたいと思っても、あまりに楽観的な計画を立てちゃうと、結局がっかりすることになるわよ。チームが持続可能なペースを保てる計画を作ることで、組織も現実的な期待値を持てるようになる、というのが大切なの。あらかじめ状況が変わることがわかっている場合でもない限り、チームには前回と同じだけの仕事量を終わらせる計画を立ててもらってね。

　チームの考えが甘すぎるときは、「バックアップボード」を作るといいわよ。そこに予備のストーリーを置いておいて、早く終わったらそれをやるの。

その先を見据える

　イテレーションが終わるたびに実際にユーザーに対してリリースする、というのが理想ですが、リリースの頻度をもっと下げるとか、すべてのユーザーにはリリースしないという判断もあるかもしれません。

　数週間から数か月分のイテレーション計画が終わったら、新しいストーリーが追加される可能性があることをチームに伝えましょう。計画をびっしり埋めるのではなく、ある程度余裕を持ってもらうのです。1イテレーション分を空けておくと簡単でいいでしょう。これは、新しいユーザーストーリーのためのスペースにもなりますし、ストーリーの開発期間が伸びたときのためのバッファにもなります。

　3か月以上先については、ユーザーストーリーにもとづく計画ではうまくいかないでしょう。それ以上先のことについては、ストーリーテーマにもとづくロードマップを用いましょう。

　チームがプロダクトを新規開発しているわけではなく、稼働中のアプリケーションの小さな改修をしているだけなら、チーム全員で長期計画を立てるメリットはないかもしれません。そんなときは、**カンバン**（コラム「カンバン」参照）を使うといいでしょう。カンバンでは、チームが仕事の流れを改善することに重きを置いています。

カンバン

by カール・スコットランド（EMCコンサルティング）

　ソフトウェア開発におけるカンバンシステムとは、仕事が段階的に変化しながらバリューストリームを流れていく様子を見える化するというものです。各段階では、仕掛り作業（WIP）の数を制限します。そうすれば、システムのボトルネックや制約がチームから見えるようになります。継続的にシステムを改善することで、生産性とパフォーマンスを向上できるようになるのです。

　このやり方は流れに注目しているため、タスクの見積りが不要になります。タスクに分解すること自体が、分析と設計の活動になるからです。優先順位をつけ、計画を立て、リリースするということが常に行われ、それぞれの活動に自然なリズムが生まれます。チームは、ひとつのタイムボックスでどこまでデリバリーするかと見積もる必要がなくなります。その代わり、サイクルタイムとスループットの情報にもとづいて、これからデリバリーする量を予測します。

　同時に着手できる機能を「3つまで」に設定しているチームは、それらの機能を完成させる流れを最大化することに集中します。その一方で、チームに余裕ができるまでは、新しい機能には着手しません。新しい仕事の優先順位づけ、分析、計画は「ジャストインタイム」で行われることになります。イテレーションの計画ミーティングでスケジュールを決めるやり方とは対象的です。将来のビジネスゴールや目標を考慮するというよりも、チームが前回どれだけ機能をデリバリーできたかによって優先順位をつけます。

　「カンバン」は、元々は日本語の「看板」であり、「かんばん」はトヨタ生産方式で使われているツールでもあります。ソフトウェア開発におけるカンバンは、WIPを制限するトークンとしてカードを使うものであり、ひとつのトークンがユーザーストーリーのような価値のある単位を表しています。したがって、カンバンシステムを使えば、着想からリリースまでの開発システムを移動する顧客価値の流れを制御できるのです[3]。

7.5　追跡し続ける

　ミーティングが終わると、チームは早く新しいストーリーに取り掛かりたくてたまらなくなっていると思います。ミーティングを解散する前に、誰かが責任を持ってストーリーとタスクをチームボードに貼ってください。チームから誰かひとりを記録係（トラッカー）に選んでもらってください。チームによっては、この役割は持ち回りでやっています。

　追跡ツールにタスクを突っ込むと、マイクロマネジメントにつながります。計画ミーティングで出たタスクをすべて電子的に記録する必要はありません。チームボードで追跡すれ

> チームがデリバリー可能
> なものを追跡しましょう。

＊3　カンバンについては、http://www.LimitedWIPSociety.org と http://availagility.co.uk/ を参照してください。

ばいいのです。ステークホルダーの興味は、ユーザーストーリーがすべて完成するかどうかであり、タスクのことには興味ありません。タスクはデリバリー可能ではないからです。

リリース計画の履歴をソフトウェアに残しておくのも重要です。広くステークホルダーに共有できるからです。ユーザーストーリーのリストは、シンプルにスプレッドシートに書いてもいいですし、見積りやデリバリーの予定日と一緒にWikiページに載せてもいいでしょう。計画に関するさまざまな情報を同期させておくことがいずれ必要になるでしょう。

チームには、計画したストーリーと見積りを記録しておいてもらいましょう。イテレーションが終わったときに、実際のベロシティと比較すれば、**ヒット率**[4]がわかるからです。以前、一緒に仕事をしたチームは、自分たちがどれだけ正しく計画できたかを知るためにこの数字を使っていました。たとえば、計画したストーリーポイントの合計が50、イテレーション終了時に完成していたストーリーの見積りの合計が40だとしましょう。この場合は、チームのヒット率は8割ということになります。

7.6　苦難

あなたがこれから遭遇する可能性のある苦難を紹介します。

顧客が何がほしいのかを理解していない

顧客がミーティングの準備をしてくれないと、ユーザーストーリーを理解するのに余計な時間がかかってしまいます。事前にストーリーをざっと見ておくために、少人数で事前計画ミーティングを開きましょう。ストーリーが実現可能か、1回のイテレーションでデリバリーできる大きさか、といった技術的な観点で意見を出せるような人が、少なくとも1人は参加しているとうまくいくでしょう。

チームが無理をさせられる

チームが現実的にデリバリーできる以上のことを求められることがあります。たとえば、ローンチの期日が厳しくて、顧客からのプレッシャーがきついようなときです。ベロシティの予想を大幅に超えてチームがコミットしようとしているときは、すべてのストーリーをデリバリーできない重大なリスクがあることを警告しましょう。

チームがどうしてもできるというのなら、ストーリーを細かくスライスするように伝えましょう。想定どおりに全部とはいかないまでも、機能ごとに何かしらデリ

---

[4]　マイク・ロウェリーが教えてくれました。

バリーできるものは作れるでしょうから。

昨日の天気

by ラッセ・コスケラ（Reaktor Innovations）

　以前、一緒に仕事をしたスタートアップは、それなりに評判のよいところでした。「次世代のMySpace」と呼ばれ、実際にそうなりそうな感じでした。顧客はその会社の創設者でした。彼は、初期バージョンのサービスを2～3か月も徹夜して作った本人でした。会社を大きくすることに熱心で、常に全力を傾けていました。

　どうにかこうにかチームをかき集め、世界市場のニーズに対応するサービスの再構築を始めました。その後、しばらくしてからスクラムの導入が決まりました。彼らがやっていたその場しのぎの方法では限界だったのです。規律と可視性が求められていました。

　チームは、1イテレーション目で25ポイントのフィーチャーをデリバリーしました。2イテレーション目では「昨日の天気」を信用したいという話をしていました。しかし、チームの成果に気をよくした顧客は、35ポイントを引き受けさせたのです。2イテレーション目は、35ポイントを約束し、デリバリーは24ポイントでした。

　それでも顧客は計画ミーティングで「まだ始まったばかりだから」と強調し、「すでに学習や改善ができてるじゃないか」と発破をかけました。3イテレーション目は、35ポイントを約束し、デリバリーは25ポイントでした。

　4イテレーション目も同じ様子でした。顧客が「これでやり方がわかっただろう」と言うので、35ポイントを約束しましたが、デリバリーはもっと減りました。

　ここまできてやっと、私や他のコーチが一生懸命説明していたことを顧客は理解したのです。それは、チームの生産性は希望的観測や「一生懸命」によって改善されることはない、ということです。最悪の場合、度を超えたプレッシャーによって大幅に落ち込んでしまうのです。

イテレーションの途中で計画が変更される

　イテレーションを開始するたびに、数日間でチームボードのタスクが大きく変わることはないでしょうか。それは、計画ミーティングを焦ってやっている可能性を示しています。何をすべきかを真剣に考えずに、タスクのリストを作り、見積りをしていたチームを見たことがあります。それは、計画ミーティングをやっている「ふり」なのです。実際にストーリーの作業が始まると、チームボードに貼られたタスクと実際にやるべきことに関連がないことが明らかになります。

　問題に対する理解が進むにつれ、新しいタスクが追加されていくでしょう。ですが、タスクが大きく変わる場合は気をつけましょう。計画ミーティングでやるべきことをチームが理解できていないのかもしれません。次の計画セッションでは、もっと時間をかけてタスクを眺めてもらってください。あるいは、スパイクを計画してもらってもいいでしょう。

ミーティングがピリピリムード

計画ミーティングは大変です。開発者はどう設計するのかについて、いつも意見を対立させています。顧客はストーリーを変えたり分割したりすることの意味がわかっていません。

ミーティングの前半は緊張感があるものです。ストーリーについて、どのようにスライスするとか、どのストーリーが重要なのかと話し合う時間だからです。チームの考えや気になることを顧客に向けて説明してもらいましょう。顧客には、きちんと耳を傾ける必要があることを理解してもらってください。最終的に計画に含めるストーリーは、チームと顧客で合意したものでなければいけません。

後半もピリピリすることがあります。ストーリーをデリバリーするために、それらをどのように作るかについて、チームで合意しなければいけないからです。ここである程度衝突しておくと、アイデアを叩いてよりよいものにすることができます。とはいえ、衝突してばかりでは気分もよくないですし、非効率なだけです。

ソリューションの案が複数あり、どれも同じくらいによさそう（もしくは悪そう）なのであれば、どれが簡単に実装できそうかを判断してもらいましょう。それぞれのソリューションを実際に開発してみるといいでしょう。そうすれば、問題について多くのことを学べます。その結果、どれが優れたソリューションなのか、あるいはどの組み合わせが優れたソリューションになるかが、すぐに明らかになります。複数のソリューションを実装するのはムダに思えるかもしれませんが、最も高速に学習できる可能性が高く、最も優れたソリューションが発見できる可能性も高いのです。

チームのベロシティが落ちる

新しいチームのベロシティが落ち着いて、信頼に足るものになるまで、数イテレーションはかかります。いったん落ち着いても、ベロシティを追跡し続けましょう。プロジェクトが進み、多くのユーザーストーリーをサポートするようになると、ベロシティが少しだけ遅くなるからです。また、チームがアジャイルに自信を持つようになると、どんどん楽観的になっていきます。ペースが落ちているなら、そのことに気づかせ、根本原因が何かを考えてもらいましょう。ただし、根本原因の発見までに数イテレーションはかかるかもしれません。また、ベロシティが落ちてきたら、古いベロシティのまま魔法で解決できるとは思わずに、最新のベロシティにもとづいて計画を立てるようにしてもらいましょう。

計画する意味がない

計画ミーティングという儀式を執り行うこと自体に意味がないことがあります。たとえば、一部のチームメンバーが外出していたり、休暇中だったり、研修中だっ

たり、チームメンバーがバグ修正に追われていたり、といったときです。バグ修正は、問題の原因を追いかける探偵業のようなことをするので、そう簡単には見積もれません。

そんなときはイテレーションの計画で時間をムダにせずに、仕事を優先順位順に並べてチームボードに貼りましょう。そうすると、それらを順番に処理したり、デイリースタンドアップで1日の作業に優先順位をつけたりできます。チームが戻ってくるまで、もしくはバグ修正が終わるまでは、細々と作業を続けてください。

これが頻繁に起こるようなら、カンバンという開発手法に移行することを考えてください。WIPを制限するので、イテレーションというタイムボックスに対する依存度は低くなります[*5]。

7.7 チェックリスト

- 計画ミーティングのアジェンダを作りましょう。できればひとまとめにやるのではなく、何パートかに分けてください。話がずれてきたら、時間の使い方を教え、会話に集中してもらいましょう。
- 計画ミーティングの前に、顧客と一緒にユーザーストーリーを着手できる状態にしてください。
- 計画ミーティングでは、誰もがユーザーストーリーについて質問しても構いません。そのことを周知しておいてください。
- 作業を見積もる前に、設計の議論をしてもらいましょう。顧客が席を外したほうがうまくいくことが多いようです。
- 大きなストーリーがあれば、小さなタスクに分割してもらいましょう。ストーリーと一緒にタスクをチームボードに貼り出しておけば、チームが協力して動くようになります。ただし、重要なのは完成したストーリーを追跡することであり、完了したタスクを追跡することではありません。そのことをチームに伝えましょう。
- 見積りの数字が同じストーリーをグループにする「ストーリーカードマトリックス」を作り、一貫性のある見積りができるように支援しましょう。
- チームが持続可能なペースで働いているか、ベロシティと大幅にずれた約束をしていないかに注意しましょう。計画に含めるストーリーを決定する前に、キャパシティを確認してもらいましょう。
- ミーティングが終わる前に、カードを集めてチームボードに貼ってもらいましょう。チームはどのストーリーが計画に含まれているのか、初期見積りがどうなっているかをメモする必要があります。初期見積りは、ベロシティを計算するときのベースラインになります。

[*5] ジェフ・パットンのブログhttp://agileproductdesign.com/blog/にカンバン手法の概要が載っています。

物事を見える化して、チームの責任感を高めよ。
　　──指導原則

第 8 章

見える化する
Keeping It Visible

やるべきことを忘れないようにするためのコツはありますか？　洗濯機からシャツを取り出すことや、バースデーカードを投函することを忘れないように、目に見えるリマインダーを作っていませんか。たとえば、冷蔵庫のドアにメモを貼っていますよね。チームには、イテレーション計画、ふりかえりのアクション、ソフトウェアの状態など、覚えておくべきことがたくさんあります。注意を払うべきものについては、見える化するようにチームをコーチしましょう。

役に立つ情報は全員に見えるようにしましょう。コンピューターのなかに隠しておくべきではありません。電子的に保存されている計画は「情報冷蔵庫」です。冷蔵庫が開いているときにしか情報を取り出せません。**チームボード**の設置を手伝い、全員に計画が見えるようにしましょう。

チームボードは現在の計画を貼るためだけの場所ではありません。チームとチームにとって、何が大切かを反映したものです。プロダクトロードマップ、リリース計画、デザインを貼り出すことにより、チームがどこに向かっているかを示してくれます。私たちが一緒に仕事をしてきた多くのチームは、チームボードを漫画、ポストカード、記念品などでカスタマイズしています。そして、それがチームの文化の確立に役立っています。

8.1　チームボード

ほとんどのチームは、進捗を示すためにチームボードを複数の列に分割しています（下記写真を参照）。計画が終わったら、カードをすぐにチームボードに貼り、「Done」の列に到達するまで移動させます。

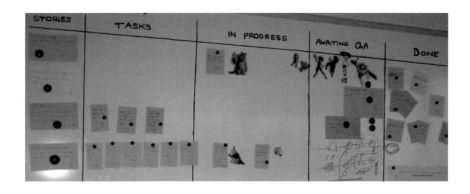

ここでは、以下のように使用します。

STORIES（ストーリー）
　すべてのストーリーをここに配置して、上から下に優先順位をつけます。
TASKS（タスク）
　ストーリーの隣に関連するタスクを水平に貼りつけます。
IN PROGRESS（進行中）
　タスクに着手したら、この列に移動します。
AWAITING QA（QA待ち）
　すべてのタスクが完了したら、ストーリーカードをこの列に移動します。完了したタスクは破棄しても構いません。顧客やテスターはこの列にあるカードを見て、作業内容やストーリーテストを満たしているかどうかを確認します。
　修正すべき問題があれば、ストーリーカードを「STORIES」の列まで戻して、修正用の新しいタスクカードを作成します。
DONE（完成）
　すべてのストーリーをこの列に移動させることがゴールです。イテレーションが終わるたびに、この列にカードが積み上がっていくはずです。

　すべてのストーリーが完成したときに、チームは価値を提供できます。ただし、同時にボードを移動するストーリーの数は制限してもらいましょう。大量のストーリーに手あたり次第に着手するようではいけません。

ボードは見やすく判読可能になるように配置しましょう*1。状況を読み取れなければ、ボードの意味がありません。デイリースタンドアップのときに読めるように、カードのフォーマットを統一

> チームボードを読みやすくしましょう。

し、タイトルはマーカーなどを使って簡潔に書くようにしてもらいましょう。手書きの文字が汚ければ、ボードの標識をプリントアウトして使っても構いません。

カードを移動させるスペースがなければ、カードに進捗を示すシールを貼ることを提案しましょう。完成したカードにはシールが何重にも貼られ、イモムシのようになります（下記写真を参照）。

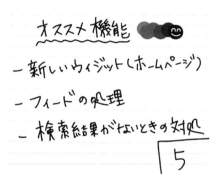

開始前
　すべてのカードに赤いシールを貼ります。

進行中
　カードに着手したときに、赤いシールを三日月型に残しながら、黄色いシールを重ねて貼ります。

レビュー中
　レビューを開始したら、黄色いシールに重ねて、青いシールを貼ります。

完成
　タスクがすべて完了したら、青いシールに重ねて、緑色のシールを貼ります。バグが見つかったら、黄色いシールを貼り直して、進行中に戻ったことを示しましょう。

遠くからでもステータスを確認できるように、大きくて色の鮮やかなシールを使

---

*1　ビジュアルマネジメントについての詳細は、http://www.xqa.com.ar/visualmanagement/2009/02/visual-management-for-agile-teams/を参照してください。

いましょう。また、シールの色の説明をどこかに書いておけば、誰もが理解しやすくなります。

誰が何をしているのか？

　チームボードの長所は、チームが自分たちの仕事を選べるところです。誰かの指示を待つ必要はありません。ボードから次のタスクを選ぶだけでいいのです。これによりチームメンバーは、「自分の」担当に集中するのではなく、イテレーションを成功させることに責任を持つようになります。あなたもそのことに気づくでしょう。チームはやるべきことを見失うことなく、興味のある作業を選ぶことができます。

　チームは、誰が何をしているのかを把握する必要があります。お互いに作業を妨害しないようにするためです。デイリースタンドアップでも話し合いはしますが、日中に作業が変更になることもあります。取り組んでいるタスクに担当者の名前や写真をつけて、見える化してもらいましょう。ストーリーについて質問があれば、チーム全体を中断させるのではなく、担当者にだけ話しかければいいのです。メンバーの似顔絵を描いてもらうようにすると、少しおもしろくなるかもしれません。

　誰が何をやっているかを明らかにすれば、作業に行き詰まっている人も見える化できます。ひとり（あるいはペア）の開発者が同時に担当すべきタスクは1つだけです。複数のカードに名前が書かれているところがあれば、その理由を調べてください。進捗が妨害されているか、助けを必要としている可能性があります。タスクがブロックされていたら、チームに見える化してもらってください。目立つ色の付箋紙を使うか、「進行中」から「ブロック」にカードを移動するといいでしょう。

道具の選択

　チームボードは「壁に貼りつけるもの」だと思っている人もいるかもしれませんが、私たちはそうは思いません。ミーティングに持ち込めるチームボードを作りましょう。ホワイトボードに車輪をつけるか、コルクボードやスチレンボードのような軽い材料でボードを作るといいでしょう。

　チームボードは使いやすく、扱いやすいものにする必要があります。風が少し吹いただけでカードが落ちるようでは困ります。磁石式のボードもいいでしょう。画びょうやブルタックではなく、マグネットでカードを貼りつけられます。誰でも新しいタスクを簡単に追加できるように、予備の文房具（カード、付箋紙、マグネット）をボードの近くに置いておきましょう。チームのためにボードを監視するのは、あなたの仕事ではありません。

ダンボール製のボード

by レイチェル

　数年前、新しいオープンプラン（仕切りや壁のない）オフィスに移動したばかりのチームと一緒に仕事をしていました。プロジェクトチームは同じ島に配置されました。新しいスペースにはオシャレな家具はたくさんありましたが、壁がほとんどありませんでした。ミーティングのスペースとして使ったり、プロジェクトの作成物を貼り出したりするために、一時的な「壁」がチームに提供されました。こうした「壁」は、薄いポリカーボネートのシートで作られており、誰かが触れるとすぐに倒れてしまいました。インデックスカードをブルタックで貼りつけるのも困難でした。

　私たちは、チームボードを作る必要がありました。できれば全員の席から見ることができ、壁で隠れないようなものが理想的です。ボードを購入する予算がないので、自分たちで作るしかありません。独創的なプロジェクトマネージャーであるオリーが、次の日に大きなダンボールを持って登場しました。私たちはダンボールを「壁」にテープで貼りつけました。驚くことに、このダンボールはインデックスカードを貼りつけるのにぴったりでした。以下の写真を見てください。

　話はこれで終わりではありません。ボードを使い始めてから数日後、設備管理部門の人からオフィスの景観を損ねるため、ボードを除去せよと正式に言い渡されてしまいました。私たちはボードを維持する権利を主張しました。すると、ダレン（エンジニアリング部門VP）が仲裁してくれました。彼は、チームボードの存在に気づいており、進捗が把握できることを気に入っていました。その結果、私たちは正式に「景観を損ねるボード」を使えるようになったのです。それから数か月間は、そのボードを使用しました。隣のビルに移動するときも（新規に購入したボードを開封せずに）一緒に連れて行ったくらいです。

文房具は高品質なものを買いましょう。たとえば、付箋紙は強粘着タイプにしましょう。普通の付箋紙では、数日後にボードから落ちてしまいます。また、色がくすんだものよりは、鮮やかなものにしたほうがいいでしょう。ワークスペースの道具を選択するときは、チームを巻き込みましょう。ランチタイムに近くの文具屋に連れて行くといいでしょう。

> 道具を選択するときは、チームを巻き込みましょう。

電子的なボード

物理的なボードではなく、電子的なボードを使いたいと思うかもしれません。私たちが一緒に働いていたチームのなかにも、電子的なボードをプロジェクターで投影しているチームがありました。ですが、電子的なボードは、物理的なボードよりも効果がないと思います。人間は手に触れられるものを好みますし、グループで作業するときには電子的なデータよりもカードのほうが簡単に扱えます。物理的な制約がないので、電子的なボードは必要以上に複雑になる傾向があります。

リズの言葉
アジャイルな計画のためのソフトウェアは役に立たない

プロジェクトやアジャイルプロセス自体に問題があれば、作業を追跡するソフトウェアを導入しても、問題が解決することはないでしょうね。そのようなソフトウェアを使えば、問題が覆い隠されたり、コミュニケーションが阻害されるわ。たとえば、チームで議論や見える化をせずに、バグのストーリーを作成することになるわね。

次のリリース日までの進捗をチームボードに掲示したほうが、チームのやる気は高まるわ。チームボードはチームの所有物であり、自分たちで自由にカスタマイズできるからよ。だけど、ソフトウェアはその反対ね。別の誰かの所有物であり、別の誰かがカスタマイズするものであり、別の誰かが保守するってことがほとんどじゃない？

チームが離れているのであれば、電子的なボードを使う理由になるでしょう。また、複数のチームでプログラムを担当している場合は、すべてのチームを網羅する全体像を電子的に管理する必要があるかもしれません。ただし、いずれの場合も、同席しているチームメンバーにとっては、ワークスペースにチームボードがあったほうが便利でしょう。

電子的なボードと物理的なボードの両方が存在する場合は、お互いに同期を取る

必要があります。ただし、物理的なチームボードをソフトウェアにコピーする必要はありません。イテレーション終了後は、タスクレベルの情報はさほど重要ではなくなるからです。電子的に追跡するために必要なのは、

> 完了したタスクではなく、完成したストーリーを追跡しましょう。

ストーリーのタイトルとイテレーション計画で合意した見積りを書くことです。それから、イテレーション終了時には、完成したストーリーとチームのベロシティを記録しましょう。

8.2　大きな見える化チャート

「大きな見える化チャート」の設計をチームと一緒に行いましょう。追跡したい課題を見える化して、チームボードに貼りつけるのです。こうすれば、チームが改善できているかどうかがすぐにわかります。たとえば、チームがふりかえりでペアのローテーションに合意した場合、**ペアの組み合わせ表**（*pairing ladder*）を使えば、誰が誰とどれくらいペアになっているかがわかります（図8.1参照）。この情報があれば、開発者は毎日新しい人とペアを組むことができます。

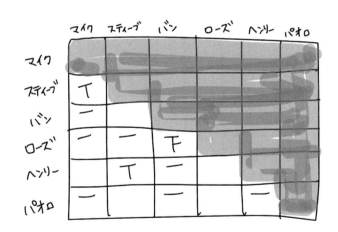

▲ 図8.1　ペアの組み合わせ表

チャートの情報がチームの有益なフィードバックになっているかを確認しましょう。たとえば、ビルドに時間がかかりすぎる問題があったとします。チームは、時間を短縮する作業に

> 問題が解決したらチャートを外しましょう。

着手し、ビルド時間の見える化チャートを作成しました。その結果、ビルド時間が

短縮されたとします。では、この見える化チャートは残すべきでしょうか？　おそらく追跡については自動化しているでしょうから、記録したログをパースするスクリプトを実行し、ビルド時間が10分を超えているとメールでアラートを送信するような、早期警報システムを設定すれば十分でしょう。

　コーチとして見える化チャートを導入するときは、先にチームの許可を得ることを忘れないようにしましょう。

バーンダウンチャートとバーンアップチャート

　バーンダウンチャートのことはご存じかもしれません。イテレーションの残作業を示すチャートです。図8.2をご覧ください。チームが順調に進んでいるかを大まかに示してくれます。

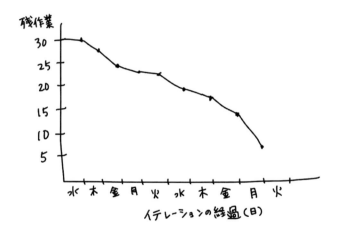

▲ 図8.2　手書きのバーンダウンチャート

　バーンダウンチャートが苦痛なのは更新するときです。電子的に保存されていれば、ソフトウェア（通常は表計算ソフト）の残作業を更新するだけで、新しいバーンダウンチャートを生成できます。これならデイリースタンドアップの前に、誰かがデータを更新してくれるでしょう。

　ほとんどのチームはタスクカードの見積りの「バーンダウン」を好むようです。デイリースタンドアップで古い見積りを消してから、新しい見積りを記入するのです。それから、その日の残作業の合計をもとにして、誰かがチームボードにある手書きのバーンダウンチャートを更新します。このようなルーティンを繰り返すことで、チームはすべてのストーリーを完成できるかどうかがわかるようになります。開発

力に影響のあること（チームメンバーの欠員など）は、すべてバーンダウンチャートに記録しておきます。バーンダウンチャートはイテレーションの終了時（デモまたはふりかえりのとき）にレビューして、そのあとに破棄します。

これよりも便利なのが、**リリースバーンアップ**チャートです。次のリリースまでにイテレーションで完成したストーリーのポイント数をチャートにプロットします（図8.3参照）。ストーリーが完成するたびに、チャートを更新するのです。これにより、チームがリリースに向かって進んでいることが全員に見える化されます。

図8.3には、完成したストーリーポイントと残っているストーリーポイントが記入されています。上の線は、ストーリーが追加・削除されたことを示しています。下の線は、どれだけ「完成」に近いかを示しています。

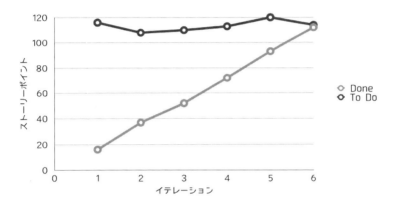

▲ 図8.3　リリースバーンアップチャート

上の線にまったく到達しそうになければ、次のリリースに含めるユーザーストーリーの削減を検討する必要があります。当初の計画どおりにデリバリーできそうになければ、そのことを顧客や主要なステークホルダーにチームから伝えてもらいましょう。

正しいことを計測しましょう

by リズ

　リリースバーンアップチャートでストーリーを追跡していたあるチームは、開発者の作業が終わったものを「完成」としていました。テスターはまだテストしていませんし、顧客の確認もまだ済んでいません。チームは、リリース日までにすべてのストーリーを構築しようと一生懸命働きましたが、リリースまでに必要な作業はリリースバーンアップチャートに見える化されていません。

リリース日が近づくにつれ、未解決の問題が増えていきました。チームは、どの不具合を修正するのか、どれを遅らせるかを決めるため、優先順位をつける必要がありました。

　最終的に、チームはどうにかリリースすることはできましたが、リリース日には間に合わず、求められる品質を達成することができませんでした。すべての原因は、**本当に完成したストーリー**ではなく、開発者の作業が終わったものを追跡していたからです。

8.3　チームボードを保守する

　本章では、情報を見える化する方法を説明してきました。まだ触れていない重要な側面がひとつだけ残されています。それは、チームボードのデータを常に最新にすることです。陳腐化したデータは役に立ちません。

　「昨日のニュース」を参考にしながら仕事をしたくはないはずです。では、情報をどのように保守すればいいのでしょうか？ このことについて、チームと話し合ってみましょう。どのように解決できるでしょうか？ デイリースタンドアップのときに数分間ほど集まって、チームボードを更新することもできるでしょう。あるいは、交代でその週のトラッカーを担当することもできるでしょう。

レイチェルの言葉
使わなければダメになる

　やればできるからといって、すべてのデータを見える化する必要はないわ。使いもしない情報をチームで保守するのは煩わしいものよ。チーム以外にもチェックする人はいるだろうけど、チームボードを最もよく使うのはチームメンバーよ。チームと一緒に何を追跡するかを決めましょう。使い続けるかどうかもきちんと評価するのよ。役に立たないようなら、やめればいいわ。

大掃除

by レイチェル

　ある日、偶然マットに出会いました。なんだかうんざりした様子でした。新しいチームはどう？ と聞くと、彼はため息をつきました。チームに元気がないというのです。やるべきことはたくさんあるのに、やる気がないようなのです。彼のチームには「無関心の空気」が流れていました。新しいプロジェクトに取り組んでいるようには見えませんでした。私は、チームみんなで掃除をすべきだと思いました。そうすれば、マットが新しいプロジェクトのことを気にかけていて、集中してほしいと思っていることが伝わるはずです。

チームボードはとても小さくて、非常に散らかっていました。私は、もっと大きなボードを使うように提案しました。そこには、何か月も消されていないホワイトボードもありました。マットは指で消そうとしましたが、まったく消えません。しかし、彼は諦めませんでした。ホワイトボード消しを持ってきて、再び消し始めました。

　翌週、彼のチームのところに顔を出してみました。チームスペースは見違えるようになっていました。マットの顔も陽気になっていました。彼がホワイトボードを消し始めると、チームメンバーが手伝ってくれたそうです。そこには、綺麗なチームボードがありました。そして、やるべきことを誰もが見られるようになっていました。

　チームボードが整理されておらず、散らかっていないかを確認しましょう。すべてがよく見えるように、整理する必要があります。イテレーションが終了するたびに、ボードを綺麗にするといいでしょう。そうすれば、次のイテレーションを真っ白なボードで開始できます。

8.4　苦難

　あなたがこれから遭遇する可能性のある苦難を紹介します。

チームボードを置くスペースがない

　チームボードを置くスペースを見つけるのが困難なことがよくあります。クリエイティブになりましょう。窓や食器棚をチームボードにしているチームと一緒に仕事をしたことがあります。空いている壁がなければ、ボードを机の端にもたれかけさせることもできるでしょう。

チームがボードを更新しない

　チームボードやバーンアップチャートが更新されていないことに対して、不満を感じているマネージャーによく出会います。話を詳しく聞いてみると、そうしたチームボードやバーンアップチャートは、デイリースタンドアップやデモで参照されていないことがわかります。参照されないからこそ、チームはボードのことを重視せず、わざわざ時間をかけてまで更新しようとはしなかったのです。

　チームがボードを更新していなければ、更新するようにお願いしましょう。もしかすると、プロジェクトの本当の進捗が組織や顧客に知られると、マズいことになると思っているのかもしれません。あるいは、わざわざ進捗を更新するような「いい子ちゃん」になりたくないと思っているのかもしれません。時間を作り、ボードにあるチャートを見てみましょう。そして、その解釈についてチームと話し合ってみましょう。

　ボードが更新されていなければ、実際よりも進捗が悪く見えてしまいます。プロジェクトの仕事をしてはいるのですが、ボードにないタスクをしていることがよく

あります。誰が何をしているのかを全員が把握できるように、すべてのタスクをボードに追加してもらうようにしましょう。

カードを紛失する恐れがある

アジャイルの経験がないチームから「カードを紛失したらどうするんですか？」と聞かれることがよくあります。もっと極端な場合は「燃えてしまったらどうするんですか？」と聞かれることもあるくらいです。ですが、これ自体は問題ではありません。カードを紛失したなら、また作ればいいのです。カードのバックアップの方法はいくらでもあります。写真を撮ったり、コピー機で複写したり、スキャニングしたり、チームのWikiに転記したり、いろいろとやり方はあるでしょう。

タスクを紛失するようなちょっとした不便を解消したいなら、質の高い文房具を使いましょう。たとえば、付箋紙を使っているのであれば、強粘着のものを入手しましょう。

8.5　チェックリスト

- チームボードの設計や構築をするときは、チームと一緒にやりましょう。そして、チームにイテレーション計画を見える化してもらいましょう。そうすれば、何をやればいいのか、仕事をどのように調整すればいいかが、全員にわかりやすくなります。
- チームボードはチームの所有物なので、仕事の改善に役立つのであれば、個人的なモノやチャートを貼っても構いません。
- チームの役に立つようにボードを調整しましょう。遠くからでも見えやすい文房具を選択しましょう。色を分ける場合は、その色の意味がわかるようにしましょう。
- 誰が何を担当しているかがわかるように、カードに名前やアバターをつけてもらいましょう。誰かがブロックされていたときに、そのことがわかりやすくなります。
- 情報をため込んで「電子的な情報冷蔵庫」にしてしまわないようにしましょう。ただし、チームメンバーが離れている場合や、チームが大きなプログラムの一部として動いている場合は、イテレーション計画の概要を電子的に作成する必要があるかもしれません。
- イテレーションバーンダウンチャートは、チームが順調に進んでいるかどうかを示す大まかな指標として使いましょう。また、デイリースタンドアップで自分たちで更新するか、トラッカーを任命するようにしてもらいましょう。進捗を示すためには、リリースバーンアップチャートのほうが優れています。今後のイテレーションにおいて、スコープを削減する必要があるのか、

予算を追加する必要があるのかなどが顧客にとってわかりやすくなります。

- イテレーション終了時にボードを綺麗にしましょう。イテレーションの途中で見える化チャートを評価して、役に立たないようなら、使うのをやめましょう。

第 III 部

品質に気を配る

「完成」の意味に合意せよ。
——指導原則

第 9 章

「完成」させる
Getting to "Done"

　幼い子どもたちがサッカーをしているところを見たことがありますか？ ボールを
パスしてもらいやすい場所に移動したり、ディフェンスに気を配ったりすることは
なく、みんなでボールを追いかけまわっています。チームとして動きながらゴール
を決める方法をまだ知らないのです。

　アジャイルチームは、ゴールを達成するために一緒に働く方法を学ぶ必要があり
ます。もちろんボールを蹴ったりはしません。その代わり、ソフトウェアをチーム
メンバーにパスするのです。それぞれが仕事を完成させるための役割を担うのです。

　それをうまくやるには、どのような機能を作るのか、各ストーリーにどのような
テストが必要なのかを最初に理解しなければいけません。そして、それらすべてが
完成するように、一緒に働く必要があります。

　よく目にする失敗は、ソフトウェアのテストと問題の修正にかかる時間を短く見
積もるというものです。「完成」の正確な意味と、それを実現するためにどのように
協力するかを明確にしてもらいましょう。

9.1　誰がテストするのか？

　テストは個人の仕事ではありません。チーム全体の責任です。チームにいるそれ
ぞれのメンバーが、「完成」に貢献できるさまざまなスキルを持っています。あなた
はコーチとして、チームがうまく連携できるように支援しましょう。

開発者

　　　開発者はコードをリリースする前に、ストーリーテストをパスさせる必要が
　　あります。そうすれば、顧客や次にテストするコードを選択するテスターの時
　　間がムダになりません。開発者にはプログラミングの強みを生かし、テストを
　　できるだけ自動化してもらいましょう。ただし、書いたばかりのソフトウェア

の問題を発見する可能性は低いです。

顧客

　　顧客はソフトウェアを使用する環境について最もよく知っています。顧客の関心は、ユーザーがユーザーストーリーのゴールを達成できるかどうかです。エラーや奇妙なデータの処理を必要とするエッジケースについては、顧客は見逃す可能性がありますので、注意しましょう。チームに依頼して、最新のプロダクトの動くバージョンを顧客がいつでも試せるようにしておいてもらいましょう。

テスター

　　テスターは破壊的なテストを得意とします。システムが誤動作するエッジケースのことを考えています。具体的なストーリーテストを作成し、ストーリーテストがパスすることを検証できるように、チームを支援します。テスターはテストの自動化において、開発者のサポートを必要とします。テスターと開発者がペアになれるようにしましょう。

外部チーム

　　ソフトウェアをリリースする前に、専門的なテストを実施することがあります。たとえば、セキュリティテスト、ユーザビリティテスト、プラットフォームテストなどです。こうした専門的なテストで発見された問題に対応する時間をリリース計画に含めておいてもらいましょう。

　こうしたさまざまな役割の人たちが協力するために、共通の「完成」の定義が必要なのです。

9.2　「完成」の意味を定義する

　「完成」の定義をどうすべきかについて、チーム全体で話し合ってもらいましょう。まずは、基本的な定義から話し合いましょう。

　　「完成」とは、開発したものに対して顧客が満足し、**なおかつ**すべてのストーリーテストがパスしていること。

　次に、ストーリーが「完成」と見なされるまでに必要なチェック項目をチームに質問します。これまでの経験を生かしてもらいましょう。「完成」の定義には、チームが大切だと思うものが含まれていなければいけません。以下は、チームの「完成」の定義のヒントになるものです。

- チームの別の開発者がコードをレビューした。

- ユニットテストがついている。
- ストーリーテストの自動テストが作成されている。
- チームのテスターが探索的テストを行った。
- 新しい機能に関するユーザードキュメントが更新されている。
- 規定のOSの設定で、パフォーマンステストが実施されている。

　カスタマイズした「完成」の定義をホワイトボードに書きましょう。全員が見える
ようにしてください。そして、これをチームでレビューします。コードをリリース
する前に、やるべきことが他にありますか？ イテレーション終了後に発生しそうな
チェック項目にも注意しましょう。誰がその作業を担当するのかと質問しましょう。
チームが担当するのであれば、それも「完成」
の定義に含めるべきでしょう。「完成」のチェッ
クリストに満足できたら、ホワイトボードに目
立つように貼ってもらいましょう。

「完成」の定義を見える化
しましょう。

「完成」のチェックリスト

ユニットテスト

自動テスト

リファクタリング

ソース管理

テンプレート／キーワード

リリース

モ———————————（牛の鳴き声）

適切に本番環境へ

▲ 図9.1　チェックリストの例 (Connextra, 2002)

　図9.1は「完成」のチェックリストの例です。チームがボードに貼り出すために
作ったものです。詳しく項目を見ていきましょう。「テスト」「リファクタリング」の
文字が見えます。「ソース管理」も含まれています。普通は「ソース管理」を「完成」
の定義に含めることはありませんが、このチームはアセット（画像、テンプレート、
キーワードのデータファイル）を持っており、チェックインを忘れないようにした
かったので、わざわざチェックリストに記入しています。コードをチェックインし
たら、おもちゃの牛を「モー」と鳴かせて、お祝いをします。その音を合図にして、

他の開発者は最新版をプルします。このプロダクトにおけるストーリーの「完成」は、実際に本番環境にデプロイすることでした。チームにはイテレーションの終了時ではなく、イテレーションの期間中に「完成」できそうな機能のスライスを探してもらいましょう。

「完成」の定義については、いつチームと話し合えばいいでしょうか？ たとえば、プロジェクトの開始時にワーキングアグリーメントを決めるなかで、チームと話し合うことができるでしょう。また、ストーリーを完成できなかったイテレーションを経験するまでは、詳細を決めないということもできます。あるいは、ふりかえりで「完成」の定義を見直すこともできるでしょう。つまり、プロジェクトで進化させていくのです。

もちろん「完成」の定義が適用できない場面もあります。たとえば、**スパイク**に「完成」のチェック項目を提供する必要はありません。スパイクとは、必要な事項や新しい技術の適用方法を学ぶために、使い捨てのコードを開発することです。これは見積りに影響しますので、イテレーション計画のときにチームに知らせましょう。

「完成」の定義ができたら、イテレーション終了までにチームがストーリーを完成できているかに注意しましょう。苦戦しているようであれば、ボトルネックの特定や流れの改善を支援しましょう。そのためには、カンバン手法を使い、WIPを制限し、チームボードに反映するといいでしょう（第7章のコラム「カンバン」参照）。

レイチェルの言葉
リスペクトを示して

　テスターの待遇にショックを受けることがあるの。ユーザーストーリーに関する打ち合わせには呼んでもらえず、チームのミーティングや飲み会などにも声がかからない。チームメンバー全員が疎外感を抱かない方法を探しましょうよ。

　「テスターがいない」みたいに不満を役割のせいにしていたら、会話に加わらないように注意が必要よ。まずは、チームが現在直面している状況について話し合ってもらって。そして、その役割の人たちが受けているプレッシャーについて考えてもらうの。

　チーム全員の話をじっくり聞いて、チームの成果に関心があることを示しましょう。その人自身とその人のプロジェクトに対する貢献を大切に思っているんだ、ってことが伝わるわ。相手にリスペクトを示せば、相手からもリスペクトを示してもらえるわよ。

9.3　テストを計画する

　何をすべきかが明確になっていれば、イテレーションの最終日までテストが残る

ことはないでしょう。計画のときに時間を作り、チーム全体でテスト作業について話し合いましょう。ストーリーに「テスト」と書くだけで済ませるようなチームにしてはいけません。それは単なる責任逃れです！ たとえば、テスト作業にも「自動テストを書く」「テストデータを用意する」「テスト環境を設定する」などがあるはずです。

テスターは開発者と比べると少数派なので、ミーティングで議論の中心になることが少ないものです。テスターを計画セッションに招待して、議論に積極的に参加してもらい

テスターを集めて懸念点を
共有してもらいましょう。

ましょう。チームからテスターの懸念点に耳を傾けてもらいましょう。テスターが渋い顔や消極的な態度をしていたら、そうした視点を共有してもらいましょう。

チームがテスターの実際の仕事を理解できたら、テスト計画に貢献できるようになるはずです。開発者とテスターには、チームのワークスペースで同席してもらいましょう。そうすれば、コミュニケーションをうまく取れるようになりますし、お互いの仕事を見ていれば、相互にリスペクトできるようになります。開発者とテスターがペアになれば、ストーリーテストの詳細に取り組んだり、失敗したテストの根本原因を発見したりできます。こうしたことをチームに提案するといいでしょう。

9.4 バグを管理する

イテレーションが終わるまでにすべてのストーリーを「完成」させるには、イテレーションで見つかったバグの対処方法を明確にする必要があります。ストーリーテストが失敗していたら、ストーリーを「完成」と見なす前に修正すべきであることは明白です。では、計画で話し合っていない新しいストーリーテストの不具合はどうでしょうか？ 現在のイテレーションでバグを修正すべきでしょうか？ それとも、今後のイテレーションで対処すべきでしょうか？

考えられる選択肢について話し合い、チームにどうすべきかを決めてもらいましょう。そのユーザーストーリーの主要な部分をすでにデリバリーできているのなら、バグ修正は後回しにしてもいいかもしれません。ですが、それによって緊急リリースができなくなるようなら、すぐに修正する必要があるでしょう。バグ修正は計画した作業ではないので、それをやることによって他のストーリーが完成できない可能性が出てきます。そのような場合は、チームから顧客に伝えてもらいましょう。

以下は、開発者が「完成」をチェックするときの典型的な会話の例です。

まだぜんぜん完成してない

「できた！」
レベッカが笑顔で言いました。

「カルーセルのストーリーが終わった！ 全部動くわ！」

オフィスを見渡して、みんなの注意を引こうとしています。

「ラリーは今忙しい？ テストしてもらいたいんだけど」

「いいよ。このテストが終わったら、手伝うよ」

レベッカは、ラリーを待っているあいだにリンゴを食べようと手に取りました。

「それで、何をすればいいの？」

レベッカの画面が見えるように椅子を回転させながら、ラリーが質問しました。

「カルーセル表示のところが終わったの」と、レベッカは誇らしげに答えました。

「すごいね。見せてよ」

レベッカは、新しい書籍一覧ページを表示しました。書籍タイトルが表示された3Dのカルーセルが回っています。

「いいね！ ほしい本があったときには、どうやって止めるの？」と、ラリーが質問しました。

レベッカが本をクリックすると、カルーセルは止まりました。

「これって、キーボードからできる？」

レベッカは、手元を見ずにいくつかのショートカットを試しました。

「ダメですね。やり方を調べないと」

そう言って、目の前にあった黄色いインデックスカードにメモを書きました。

翌日、レベッカは問題を修正しました。インテグレーションサーバーにデプロイするクリーンビルドの一環として、ラリーがきちんとテストを行いました。

「今のところは順調だよ。アマンダに確認してもらいところがいくつかあるけどね」

ラリーはアマンダに「時間あります？」と呼びかけました。

「もちろん。でも、3時からミーティングがあるから早くしてね」

そう言って、笑顔でラリーの机のところへ歩いてきました。レベッカもそこに加わりました。

「レベッカが作ったカルーセルのテストが終わって、いくつか確認してもらいたいことがあるんです」

ラリーはレベッカに向かって「アマンダに使い方を教えてくれる？」と言いました。

レベッカは書籍の一覧ページを開いて、アマンダにカルーセルを見せました。

「いい感じね！」と、アマンダは言いました。

「そう、素晴らしいんですよ。でも、ちょっとした問題がある」と、ラリーはそう言いながら、マウスに手を伸ばしました。

「本の画像がなかったら、こんな表示になっちゃうんです」

そう言いながら、ラリーはカルーセルを回しました。

「あら、これはよくないわね」と、アマンダが眉をひそめました。

「画像がないときはどうすればいいと思います？ このストーリーを見積もるときは想定してなかったんですよ」と、レベッカが言いました。

「とりあえず今はカルーセルに表示しないようにして、あとからプレースホルダーの画像を用意しましょう」と、アマンダが言いました。

レベッカは、黄色いインデックスカードにタスクとして記録しました。

「あと、このブラウザーのバージョン6だと、長いタイトルの本が表示されないね」と

言って、ラリーがその挙動を見せました。

ラリーがまた別の問題を指摘したので、レベッカは明らかに落胆しています。

「これは修正が大変かもしれないね。FirefoxとSafariでは動くんだけど」

「タイトルの文字数制限はいくつ？」と、アマンダが質問しました。

「2〜3文字ほど切れていたと思います。ちょっと見てみましょう」

ラリーは、文字数の多い書籍のタイトルをコピーして、エディターに貼りつけ、文字数を数えました。

「これが98文字だから、おそらく文字数制限は95ですね」

「レベッカ、95文字以上のタイトルが何冊あるか調べてくれる？」と、アマンダが時計を見ながら言いました。

「ちょっと待ってください」

レベッカはそう言って、データベースクエリを叩きました。

「4冊です」

「4冊？ 全部で何冊あるの？」

「5,000冊以上はありますね」

「それなら、そのままでいいんじゃない。今回のイテレーションで修正する必要はないわ。先にレコメンデーションエンジンのストーリーに着手してちょうだい」

「了解です。これから画像がないときの問題を修正して、明日からはレコメンデーションエンジンに着手します」

レベッカは笑っています。不安から解放されたようです。

「素晴らしいわ！ 私はこれからミーティングに向かうわね」

アマンダはプリンターからレポートを受け取り、最後にこうつけ加えました。

「今度ランチで情報交換しましょう。2人が新しいジュースバーに興味があれば、だけど」

この物語では、チームは黄色いカードにバグを記録していました。いずれ修正する必要があるので、ボードで目立つようにするためです。また、どちらとも決めがたいところについては、テスターが顧客と話し合っていました。その結果、書籍のタイトルが長いときに表示されない問題は後回しになりました。それが影響するのは、数冊しかないことがわかったからです。この物語では、そのバグをどのように記録したのかは説明されていません。おそらくバグトラッキングシステムの闇に葬られたのでしょう。

失敗するテストにフラグをつける

バグをバグトラッキングシステムに埋もれさせてはいけません。失敗するテストにはフラグをつけて、チームボードに貼ってもらいましょう。こうすれば、チーム全体に見える化できます。ストーリーを完成させる前にやるべきことがあることが明確になります。

バグをメールで知らせる

by レイチェル

　最近まで一緒に働いていたチームでは、テスターが発見したバグをメールでチームに知らせていました。また、そのときにQAマネージャーをCCに入れていました。

　開発者たちは、チームの外部にメールを送信する**前に**、自分たちに相談してほしいと思いました。コーディングしているときは、メールをチェックしないからです。一方、テスターの考えは、開発者の邪魔をしたくないというものでした。また、QAマネージャーを巻き込んでおけば、チームにテスターを追加できる可能性が出てくるというものでした。

　残念ながら、開発者たちはそのテスターを迂回するようになりました。そして、テスターからのフィードバックを待たずに、いきなり本番環境に変更をデプロイするようになりました。これでは火に油を注ぐようなものです！ QAマネージャーはチームを集め、事態の収拾を図りました。

　テスターは、発見した問題を色のついたカードに書いて、チームボードに貼ることに合意しました。開発者は、バグを修正したビルド番号をカードに記録するようにしました。こうすれば、テスターが開発者を邪魔することもなく、問題がメールに埋もれてしまうこともなくなります。

隠れたバックログ

by アントニー・マルカノ（testingReflections）

　私は、数週間ごとに動くソフトウェアをデリバリーしている優秀なチームに参画しました。イテレーションでは、ストーリーが完成間近になった頃に探索的テストを実施していました。バグを発見したら、バグトラッキングシステムに登録します。すぐにバグを修正することもありますし、顧客に判断を委ねることもあります。

　TDDを使っていたので、バグを修正する前にバグを再現する自動ストーリーテストを書いていました。あとから発見されたバグは、事前には思いつかなかったようなストーリーテストでした。

　ですが、私たちは不満を感じるようになりました。バグトラッキングシステムにバグを報告してから、ほとんど同じ内容を自動テストに記述しなければいけないからです。これではムダです。バグトラッキングシステムを使っているのは、ステータスを追跡できるのと、担当者が誰かわかるからです。

　バグレポートがストーリーテストと似ているのであれば、いくつかのバグを新しいユーザーストーリーにまとめればいいと気づきました。そして、ユーザーストーリーを管理する方法はすでに持っています！ つまり、私たちは実質2つのバックログで仕事をしていたということです！ ひとつはまだ実装していない挙動をユーザーストーリーにまとめたバックログ、もうひとつは誤った挙動を示したバグトラッキングシステムのバックログです！ バグトラッキングシステムとは、**隠れたバックログ**なのです。

　2つのバックログを別々に管理すると、バグとストーリーを別々に扱わなければいけません。したがって、両者に対して同時に同じ方法で優先順位をつけることはありませんでした。チームを見ると、これまでのイテレーションで発見されたバグを優先的に修正した

り、バックログのストーリーよりも価値が低くても、すべてのバグを修正したりしようとしていました。このようなアプローチに従えば、バグの深刻度にかかわらず、一定の修正時間を確保できます。これにより、新しいストーリーよりも価値の低いバグが修正されることもありますし、またその逆もあります。

今では、新しいプロジェクトでバグトラッキングシステムを使うのは、どうしても必要なときだけにすることを提唱しています。しばらく経ちますが、必要になったことはほとんどありません。

アントニー・マルカノは、バグトラッカーが「隠れたバックログ」になる可能性を警告しています（コラム「隠れたバックログ」参照）。私たちは、バグを新しいストーリーとして扱い、バックログに追加するという彼のアドバイスを気に入っています[1]。バグの詳細（スクリーンショットなど）を格納する場所があったほうが便利かもしれませんが、専用のバグトラッキングツールは必要ないでしょう。

問題解決の方法は常にひとつだけではありません。このことを覚えておきましょう。たとえば、隠れたバックログを作らないために、バグもストーリーもすべてバグトラッカー（Tracなど[2]）に入れて、バグトラッカーを計画ツールとして使っているチームを見たこともあります。ただし、このソリューションには、表計算ソフトのような使い慣れたオフィスツールではなく、新しいツールの使い方を覚える時間を作れるような、技術に明るい顧客が必要になるでしょう。

根本原因を見つける

バグが見つかれば、それはプロセスを改善する機会です。チームには、何が原因であるかを突き止め、次のイテレーションで回避する方法を考えてもらいましょう。バグを発見するたびに実施することもできますし、次のふりかえりで話し合うことも可能です。コードの品質を高め、バグの数を減らすために、開発者ができることについては、第10章「テストで開発を駆動する」で説明します。

9.5　フィードバックを早く手に入れる

フィードバックを早めに手に入れれば、問題の芽を摘むことができます。ですが、開発者はフィードバックを早めに求めようとはしません。その結果、ストーリーがイテレーションの終了時まで完成しないのです。そうすると、テスターにも負担がかかります。正しい方向に進んでいるかを確認する前に、開発者にユーザーストーリー全体を実装してもらう必要はありません。ストーリーの一部を準備して、それ

---

[1] 「バックログ」とは、やるべき仕事のリストを表すスクラムの用語です。

[2] http://trac.edgewall.org/

を顧客やテスターに届ければ、フィードバックを早く手に入れることができます。

開発者は、ストーリーの作業がすべて終わるまで、顧客やテスターと話をしたがりません。前述の物語では、レベッカが自分の仕事に誇りを持っていたものの、問題が発見されて落胆している様子が見られました。ミスをすることが好きな人はいません。ソフトウェアが完璧になるまでテスターに見せたくないと考えるのは当然です。また、フィードバックが早すぎると、逆に速度が落ちてしまうことを懸念するかもしれません。

> 開発者にフィードバックを早く手に入れてもらいましょう。

テスターから批判されると感じているときも、開発者はフィードバックを遅らせようとします。テスターや顧客のフィードバックのやり方に注意しましょう。テスターはバグを発見することを楽しんでいるかもしれませんが、開発者が耳をふさがないようにネガティブなフィードバックを届けることが重要なのです。「2.2 フィードバックを伝える」で学んだことを共有しましょう。また、意見よりも観察結果をみんなに共有してもらいましょう。

フィードバックは、その人に時間的な余裕がなければできません。顧客が忙しく、その場にいないことが多いときは注意しましょう。見るからに忙しそうな人に声をかけようと思う人はいません。完成していないものを見せると、顧客の時間がムダになるのではないかと開発者は感じます。顧客がチームと同席していないときは、毎日1時間はチームに協力する時間を作ってほしいと依頼しましょう。

9.6 未完成からの復帰

本章では、イテレーションの終了時までに、すべてのストーリーを「完成」させる確率を高める方法を説明してきました。ですが、チームがこれを**達成できない**場合はどうすればいいでしょうか？

リズの言葉
常に冷静でいて

プロジェクトのプレッシャーがどれだけ大きくても、あなたは常に冷静さを失わないで。チームに余計なプレッシャーを与えてはダメよ。あなたの感情はチームに伝染するの。あなたにそんなつもりはなくても、影響してしまうのよ。

まずは、このことを真剣に受け止めましょう。そして、何が起きたのかについて、イテレーションのデモとふりかえりで話し合いましょう。チームには、なぜそれが発生したのかを理解してもらい、再発防止策を考えてもらいましょう。また、これはチームが次回に確実に取り組むことができる作業量に影響を与える問題です。そのことを認識しましょう。チームが次のイテレーションの計画を立てる前に、「完成」できないことがどれだけベロシティに影響を与えるかを決める必要もあります。

まだ終わっていないストーリーやタスクをチームボードに残してはいけません。イテレーションの終了時に、チームボードを綺麗にしましょう。そうすれば、チームの負担が軽減されます。未完成のストーリーは、次のイテレーション計画ミーティングで再考する必要があります。新しいストーリーと一緒に引き継ぐようにしましょう。

レイチェルの言葉
焦りは禁物

チームに現実的な計画を立ててもらうには時間がかかるものよ。焦らないで。チームが問題の存在に気づかないことには、「何かを変えよう」とはならないわ。自分たちの計画に無理があるということに気づくまでに、数イテレーションかかることもあるの。いつだってチームは「次はうまくいく」なんて楽観的に考えているものよ。

みんなが大忙しで何時間も働いているようなら、ソフトウェア開発が大変すぎてそのことが見えていないのかも。チームに理解してもらうには、オフサイトミーティングや懇親会を開くなどして、一息つくための時間を作る方法を考える必要がありそうね。

チームがすべてのことに「はい」としか答えられないような、プレッシャーの強すぎる組織に遭遇したことがあります。本音では忙しすぎるとわかっていても、迫りくる惨事を避ける方法がわからないのです。コーチとしてのあなたの仕事は、「いいえ」という選択肢があることをチームに理解してもらうことです。個人的に「いいえ」と答えるよりも、チームとして「いいえ」と答えたほうが簡単です。非公式で構わないので、コーチとしてチームの人たちから懸念点を聞き出しましょう。言葉にしてあなたに伝えることができれば、チームとしても伝えられるようになるでしょう。

チームの速度を落とし、コミットメントを低下させている証拠をつかむために、チームのデータ収集を支援しましょう。次のイテレーションを計画するときには、計測したベロシティを思い出してもらいましょう。過去数イテレーション分のベロシティの平均値を出せば、ベロシティの数値が説得力のあるものになります。それ

でもベロシティが示す値より多くの作業を手がけようとしていたら、すべてをデリバリーできないリスクがあることを顧客に把握してもらいましょう。ストーリーを外すことについて顧客を説得できないときは、ストーリーを薄くスライスして、そのいくつかをデリバリーする方向ならば説得できるかもしれません。

9.7 苦難

あなたがこれから遭遇する可能性のある苦難を紹介します。

それは私の問題ではない

タスクに対して硬直的な見方をする人がいます。あなたのチームにも「テストはテスターがやるもの」と考えている顧客や開発者がいるかもしれません。あるいは、自動テストは開発者が書くべきだと言っているテスターもいるでしょう。これは、新しいことに挑戦する不安が原因となっている可能性があります。うまく説得して、テストに挑戦してもらいましょう。学習をサポートする人をつけてあげるといいでしょう。

チーム全体の責任感を高める方法を見つけましょう。イテレーションの結果が見える化されていれば、態度に変化があるかもしれません。このことについては、第12章「結果をデモする」で詳しく説明します。

テスターがリモートにいる

テスターが別のオフィスや別のタイムゾーンにいると、フィードバックが遅れます。それにより、チームが「完成」できるソフトウェアの量も減るかもしれません。テストは次のイテレーションでやればいいと思うかもしれませんが、それでは進捗しているかのような錯覚が生まれるだけです。実際には、これまでのイテレーションからやってきたバグ報告が、次のイテレーションの開発を妨げることになります。

イテレーション計画の前にテストのタスクを見積もれるように、テスターとの電話会議をアレンジするといいでしょう。そうすれば、テストが開発作業の一貫であることが明確になります。また、自分たちができる以上の作業にコミットすることがなくなります。

リモートテスターと一緒に仕事をするということは、メールの他にバグを追跡するツールも必要になるということです。チームの全員がリモートテスターと相互コミュニケーションできるようにしましょう。たとえば、電話やインスタントメッセンジャーを使うといいでしょう。

組織がバグトラッカーの使用を強制している

以前、一緒に働いていた組織では、すべてのチームでバグトラッキングソフトウェ

アの使用が強制されていました。バグ率もツールから導出され、テスターが価値を
もたらしていることが示されていました。メアリー・ポッペンディークが『リーン開
発の本質』[PP06]で言っているように、テスターの仕事は「欠陥を**防ぐこと**」であり、
収集することではありません。ストーリーがチームボードに貼られていれば、修正
すべき問題もチームから見えるようにそこに貼るべきです。バグトラッキングソフ
トウェアを使うのは、イテレーション終了後に発見されたバグだけにしましょう。
そして、そのことをチームに伝えましょう。

9.8　チェックリスト

- 「完成」の意味をチームと一緒に決めましょう。それをチームのワークスペー
  スにチェックリストとして貼っておきましょう。顧客、開発者、テスター
  によるテストは含めても構いませんが、チーム外によるテストは除外しま
  しょう。
- テストはイテレーション計画で検討しましょう。テストのタスクは、チーム
  全体で理解すべきです。
- 開発者には、テスターや顧客と密接にやり取りしながら、ストーリーに関す
  るフィードバックを早く手に入れてもらいましょう。顧客には、チームから
  の質問に答える時間を確保してもらいましょう。
- イテレーションの期間中から、顧客にソフトウェアを使ってもらうことを
  推奨しましょう。イテレーションが終了するまで待たなくても済むように、
  ユーザーストーリーのスライスを作ってもらいましょう。
- チームボードを用意して、イテレーションの終了前に修正すべきバグを貼り
  出しましょう。テスターには、「隠れたバックログ」を作るのではなく、今
  後のイテレーションで計画できるように、顧客と一緒に新しいユーザース
  トーリーとしてバグを記述してもらいましょう。
- チームがすべてのストーリーを完成できなければ、その理由についてデモや
  ふりかえりで話し合いましょう。イテレーション終了時にボードをすべて綺
  麗にして、未完成のストーリーを次のイテレーション計画に引き継ぎましょ
  う。ベロシティのデータを収集できるようにチームを支援して、次のイテ
  レーションでは無理せずにコミットしてもらいましょう。

コードには必ず自動テストをつけ、テストはすべてパスさせよ。
――指導原則

第 10 章

テストで開発を駆動する

Driving Development with Tests

　アジャイルをやっていると言いながら、手動テストばかりやっているチームを数多く見てきました。開発者は、問題を発見してもらうために、ソフトウェアを壁越しにテスターに投げ渡しています。その後、テスターから大量のバグレポートが投げ返されます。デリバリーできるようになるまで、開発者とテスターによるソフトウェアの投げ合いは何日も続きます。

　このストレスを軽減してもらうために、チームを**テスト駆動開発（TDD）**に誘導しましょう。自動テストを使えば、コードが動いているかどうかを調査できます。数日や数時間もかかることはなく、わずか数分で終わります。開発者は強固な基盤の上で開発していることに自信が持てるようになります。テスターはつまらない問題に時間をムダにすることなく、エッジケースに集中できるようになります。

　自動テストの天国にたどり着くことは、あなたがアジャイルコーチとして直面する最大の挑戦です。TDDの導入は非常に複雑な変化です。TDDを導入するには、技術的な課題、個人のスキルの課題、チームワークの課題を解決する必要があるからです。それでは、TDDをどのように始めればいいか、導入の障壁をどのように乗り越えればいいかについて見ていきましょう。それから、チームが**継続的インテグレーション**に移行するまでに、どのような支援ができるかを見ていきましょう。

10.1　テスト駆動開発の導入

テスト駆動開発

　テスト駆動開発とは、自動テストをさらに進めたものです。先に自動テストを書くまでは、コードを一切追加しないのです。

　テストでコードを駆動するために、開発者はこれから書きたいコードのテストから書き

始めます。次に、テストを実行して、きちんと失敗することを確認します。そして、テストをパスする最小限のコードを書きます。新しいテストがパスするたびに、コードの重複の排除や集約ができないかを検討します。このステップを繰り返しながら、コードを書いていきます。

　このように開発していけば、開発者は同時にひとつの小さな問題を解決することだけを考えればよくなります。また、内側から外側（インサイドアウト）ではなく、外側から内側（アウトサイドイン）で作業できるようになります。テストを書くたびに、内部的なロジックよりも、インターフェイスを先に考えることになるからです。TDDを適用すれば、開発者は小さな設計判断を繰り返すことになります。ですので、TDDは**テスト駆動設計**（**test driven design**）と呼ばれることもあります。

　チームがTDDに移行するまでに、時間の猶予をたっぷりと与えましょう。テスト駆動できちんとコードを書くまでに、数か月かかることもあります。TDDの導入で最初に問題となるのは、どこから手をつけるべきかです。TDDを一気に導入しようとするよりも、ひとつずつ問題を選択することをお勧めします。

　新規プロジェクトであれば、最初から全開で（コラム「テスト駆動開発」のように）TDDを導入することも可能です。ですが、ほとんどのチームは、自動テストのない既存のコードを開発しています。最初の課題は、どうやってレガシーコードに自動テストを追加するかです。チームには少しずつTDDに慣れてもらいましょう。たとえば、本格的にテストでコードを駆動する前に、1日に数個の自動テストを書くところから始めてもらいましょう。こうすることで、本格的にテストファーストに取り組む前に、スキルの向上とテストインフラを用意する時間が作れます。

　コードの現状、チームメンバーの経験レベル、仕事のやり方を改善したい度合いについて、チームと一緒に理解する時間を作りましょう。そして、TDDを導入する障壁を壊すために、PrOpERサイクル（「1.4　コーチングの始め方」参照）を適用しましょう。

　以下の物語は、あなたが遭遇しそうな典型的な課題を紹介しています。

TDDの導入が早すぎる

by レイチェル

　数年前、TDDに挑戦しているチームと一緒に仕事をしたことがあります。彼らはJavaでCMSを開発していました。過去に開発マネージャーがJUnitのトレーニングコースを手配していました。私は、彼からTDDのコーチを依頼されました。この依頼に何か問題があるとは思えませんでした。それがあんなことになるとは、そのときは知る由もなかったのです。

　技術的な課題はひとつだけのように見えました。コードからサードパーティーのドキュメント管理システムを呼び出していたので、このライブラリを呼び出さずにテストを書く方法を見つける必要がありました。ですが、私にはそう難しいことではないように思えま

した。**テストダブル***1を使って、ライブラリの呼び出しをスタブアウトすればいいからです。しかし、解決すべき課題は技術的なものだけではありませんでした。人間的な課題もあったのです。

　私はチームの開発者ひとりずつとペアプログラミングをすることにしました。まずは、チームが担当しているユーザーストーリーのJUnitのテストを書いてもらおうと計画したのです。ですが、初日からいくつもの課題に遭遇することになりました。このことは、このチームがまだTDDを導入する段階ではないことを示していました。

　その日は、好調な滑り出しでした。私はテックリードのドムとペアを組みました。彼はとても忙しい人でしたが、自動テストを書きたいと思っていました。ちょうどバグ修正が終わったところだったので、2人でテストを書いて動作を確認することにしました。コマンドラインからテストを実行すると、彼は驚きました。なんとテストが失敗したのです。つまり、バグを修正できていなかったのです！　ユニットテストで使用したテストデータは、彼が手動でテストしたときには考慮していなかったものでした。この経験から彼は納得したようです。すべてのバグ修正に自動テストを書くことは、**きっと**いい考えなのです！

　次に私はデイヴとペアを組みました。彼は、XMLのファイルをパースするだけの素直なコードを書いていました。すでにEclipseでユニットテストを実行していたので、簡単なテストケースを一緒に追加しました。便利なXMLアサーションのライブラリを紹介しましたが、それ以外は彼は特に助けを必要としていませんでした。

　次のペアは非常に難しいものでした。ジョンはJavaの初心者で、オブジェクト指向プログラミングの基本的な原則すら把握していませんでした。IDEでユニットテストを実行する方法もわかっていませんでした。彼は、大きなひとつのテストメソッドだけを使っていて、コードが動いているかを確認したいときに毎回それを編集するのです。既存のシステムの挙動が理解できずに苦しんでいましたが、私がチームメイトに助けを求めることを提案しても消極的でした。2人で1時間くらいかけて長いテストメソッドを分割していきました。あまり実りのない作業だったように思います。

　その日の最後のペアはクリスでした。チームで唯一の外注先の開発者です。彼は別のIDEを使っていました。NetBeansです。彼は経験豊富のようでしたが、サードパーティーのライブラリを呼び出すコードのユニットテストが書けるのかと心配していました。私がモックオブジェクトについて言及したところ、最近チームから離れた開発者がテストコードで使っていたと教えてくれました。2人でそのテストコードを見てみると、なかなかよさそうな感じでした。ですが、それを実行するとなると話は別です。テストが書かれたあとにコードが変更されていたので、コンパイルできません！　つまり、その開発者がいなくなってから、誰もテストを実行していなかったのです。実行しなければ、テストの意味がありません。

　そのときにわかりました。この「チーム」は、チームとして機能していなかったのです。それぞれが別々のコードを担当しており、テストの書き方はまったく統一されていませんでした。他の人が書いたテストを実行している人は誰もいませんでした。使っているIDEも違っていました。TDDを導入することやそれがチームに与える意味について、みんなで合意できていなかったのです。

---

*1　http://xunitpatterns.com/

138　第10章　テストで開発を駆動する

　　TDDに着手する前に、もっと基本的なことが必要でした。チーム全員でテスト戦略を作り、誰もが実行できる共通のテストスイートのあり方に合意する必要があったのです。

　　あとでわかったことですが、開発マネージャーがチームにTDDを導入したかったのは、プロジェクトのテスターの負荷を下げたいという理由からでした。テスターたちは、開発者が基本的なテストをしていれば回避できたつまらない問題の発見に追われていたのです。ですが、マネージャーはそのことをチームに伝えていませんでした。チームは、TDDのトレーニングやコーチングを受ける理由と変化が必要な理由をマネージャーに聞くべきだったのです。

チームの合意

　　上記の物語が示すように、チームにテストの書き方を教えるだけでは不十分です。チームがテストを書き、実行することを確約しなければいけません。そのためには、「自動テストを書く」という追加作業を受け入れるだけの理由が必要になります。チームがTDDのメリットをきちんと理解して、変化の推進力を評価できているかを確認しましょう。

　　どこまで確約できるかについては、チームで合意してもらいましょう。TDDの導入する際の障害物を一覧にしましょう。そして、障害物を解消するアイデアを出してもらいましょう。合意の段階（「2.4　合意を形成する」参照）を使い、チームが最初に取り組めるアクションを決定してもらいましょう。

テストの書き方を学ぶ時期

　　チームがTDDに移行すると決めたら、メンバーはその方法を学ぶ必要があります。自動テストやTDDの経験のある人がいれば（それはあなたかもしれません）、チームの励みになるでしょう。

　　最初に有料のトレーニングコースを受けてもらうのもいいでしょう。トレーニングの予算がなければ（あるいは使用するプログラミング言語のトレーニングコースがなければ）、自分たちで自動テストの書き方を教え合う必要があります。テストを書くスキルを向上させるために、定期的にコーディング道場を開催できるように支援しましょう（コラム「コーディング道場」参照）。

コーディング道場

　　コーディング道場とは、あらかじめ用意されたプログラミングのお題に開発者たちが取り組むというものです*2。開発者の設計スキルを向上させ、チーム学習を促進する優れた

＊2　コーディング道場について詳しく知りたければ、http://codingdojo.org/ を参照してください。

方法です。デイヴ・トーマスの「コードカタ」からインスパイアされた手法です。
　道場の開催は簡単です。まずは、コーディングのお題やカタを選びましょう＊3。事前に選んでおけば、参加者が準備できます。
　道場は、2人の開発者が部屋の前にあるコンピューターでお題に取り組むところから始まります。コンピューターはプロジェクターに接続されているので、書いているコードは全員から見えます。
　お題に取り組んでいるペアは、今何をしているのか、どのようにお題を解決しているのかを声に出して解説します。誰かが追いつけなくなったら、コードを書く手を止めて説明します。
　みんなが飽きないように、ペアの1人を5分ずつ部屋にいる参加者と交代しましょう。これを1時間ほど続けます。こうすることで、全員が交代でコーディングのお題を少しずつ解決していく様子を見せることができるのです。

　自動テストに取り組み始めると、チームメンバーの速度が落ちることを認識しておきましょう。チームが計画を立てるときには、自動テストの書き方を学習する時間も含めてもらいましょう。また、学習期間はベロシティが落ちることをチームから顧客に通知してもらいましょう。

どこからテストを書き始めるかを決める

　既存のコードのテストを一気に書くことはできないでしょう。したがって、何度も繰り返しながら書いていく必要があります。最初のテストを書き始められるように支援しましょう。

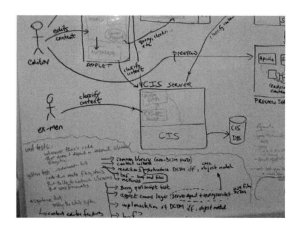

▲ 図10.1　テスト戦略に関する議論を記録したホワイトボード

＊3　いくつかの例題がhttp://codekata.com/で参照できます。

みんなで集まり、チームでテスト戦略に合意しましょう。さまざまな場所のコードについて、どのようにテストするかを決めるのです。ソフトウェアアーキテクチャをホワイトボードにスケッ

> チームでテスト戦略に
> 合意しましょう。

チしましょう（図10.1参照）。チームでアーキテクチャを眺めながら、どの部分にテスト自動化を適用すれば効果的かを検討しましょう。議論を記録するためにホワイトボードの写真を撮りましょう。テストを追加する場所を決めるときに、あとで参照できるようにしておきましょう。

ユニットテストのルール

by マイケル・フェザーズ（Object Mentor）

私は、これから紹介するルールを多くのチームに適用してきました。このルールに従えば、設計は改善され、フィードバックが高速になります。そして、多くのトラブルを回避できます。

以下のようなテストは、ユニットテストではありません。

- データベースとやり取りをしている
- ネットワークで通信している
- ファイルシステムにアクセスしている
- 他のユニットテストと同時に実行できない
- 手元で実行するために特別なこと（設定ファイルの書き換えなど）が必要である

こうしたテストが悪いわけではありません。書いたほうがよいこともありますし、ユニットテストハーネスのなかに書くこともあるでしょう。ですが、本物のユニットテストからは切り離せるようにしておくことが重要です。そうすれば、変更を加えたときに、いつでも高速にテストを実行できます。

最初に着手すべきは、コラム「ユニットテストのルール」で定義された**ユニットテスト**です。中間にあるコードなら簡単に分離できるので、高速に実行できるユニットテストを作れるでしょう。ですが、自動テストのないコードは依存関係が複雑に絡み合っています。ユニットテストを書く前に、コードを分離する方法を探さなければいけません。そのために役立つ方法は『レガシーコード改善ガイド』[Fea04]に載っているでしょう。

私たちが一緒に仕事をしているチームは、基本的なルールから始めています。そのルールとは「既存のコードに対する変更と新規のコードにテストを書く」というものです。この手法については、チームで話し合いましょう。そして、本当にやりた

いかを確認しましょう。このルールが難しければ、少しでも進捗が得られるように、毎日少しずつテストを書くことに合意するといいでしょう。普通のメソッドよりも、失敗しそうなコードのテストを書くほうが有益であることをチームに伝えましょう。つまり、ゲッターやセッターのテストを書くことから始めるのは的はずれです。

自動テストを追加する場所が決まったら、テストの配置について合意してもらいましょう。たとえば、テストとコードを同じディレクトリに入れるのか、別のディレクトリに入れるのかを考える必要があります。また、テストの命名規約を作ることも役に立ちます。それから、チーム全員が自動テストスイートを実行できるようにする必要があります。重要です！

10.2　継続的インテグレーション

開発者たちは、各自が離れて仕事して、数日おきにコードをチェックインすることに慣れているかもしれません。インテグレーションを遅らせるのは、作業に時間がかかるからです。ですが、インテグレーションを遅らせているあいだにもコードベースは変わっていきます。間隔があけば、その分だけインテグレーション作業は難しくなるのです。

継続的インテグレーション（CI）とは、コードの変更を早めに頻繁に統合することです。頻繁に統合すれば、1回あたりの規模は小さくなり、楽に作業できるようになります。このようにすれば、最新のコードが大きなかたまりではなく、細かなスライス単位で届けられ、チーム全体で利用可能になります。CIはTDDともつながりがあります。開発者のコンピューターだけでなく、統合されたコードベースでもテストをパスさせる必要があるからです。CIとは、コードを頻繁に統合するだけでなく、すべてのテストを常にパスさせることでもあるのです。

ジェームズ・ショアが、このように言っています[4]。

一般的に言われているのとは反対に、継続的インテグレーションはツールではなく態度です。チームが以下のことに合意したというものです。

1. リポジトリから最新のコードを取得したときに、常にビルド可能であり、すべてのテストがパスすること。
2. 2〜4時間ごとにコードをチェックインすること。

私たちはこの言葉が大好きです。CIを導入するときに必要不可欠なのは、チームがこの考えを心の底から受け入れ、すべてのテストを常にパスさせることだからで

---

[4] http://jamesshore.com/Blog/Continuous-Integration-is-an-Attitude.html

す。チームがこの態度を持たずにCIツールを使おうとすると、壊れたビルドを修正しようとする責任感を持たなくなります。

CIをチームに導入するときは、「同期型CIプロセス」から始めるように提案しましょう。同期型とは、開発者がコードをチェックインするたびにビルドを実行して、すべてのテストがパスするか

> CIの規律を作るところから始めましょう。

どうかを確認するというものです。確認が終わったら、再び開発を続けます。テストがパスしなければ、開発者は問題を修正する必要があります。

▲ 図10.2　ビルドトークン

同期型を実現するには、変更を同時に統合しようとして、お互いに足を引っ張るようなことを避けなければいけません。多くのチームは**ビルドトークン**を使い、インテグレーションの途中であることをチームに通知しています。これがチームのちょっとした楽しみになれば、CIプロセスがチームの儀式として確立します。これまでに、ゴム製のチキン、牛、おかしな帽子、さらにはインデックスカード製の「インテグレーションの剣」（図10.2参照）を使っているチームを見たことがあります。

インテグレーションが成功したときに祝福のサウンド（ゴングや拍手など）を流すチームもあります。これは、チェックインされた変更をプルできることをチームに知らせる合図でもあります。

レイチェルの言葉
チームにおもちゃを押しつけないで

チームの儀式というものは自然に発生して、時間をかけて進化していくものなの。近道を行きたくなっても我慢してね。可愛らしいビルドトークンを自分で買ってきて、チームに押しつけてはダメよ。職場におもちゃがあれば、ストレスの解消になるし、チームの仕事に取り入れることができるわ。だけど、企業文化にも配慮しなくちゃ。マネジメントから不真面目だと思われたら逆効果だわ。

　同期型CIプロセスは、ソフトウェアでチェックインを検知して自動的にテストを実行するよりも、時間がかかるように思えます。ですが、こうしたことを続ければ、壊れたビルドの修正に責任を持つことを開発者が学ぶようになります。チームの全員が、1日に少なくとも数回はコードを統合して、ビルドが壊れずにいたならば、ソフトウェアで支援できる非同期のソリューションに移りましょう。チームが壊れたビルドの修正に責任を持っているかどうかに気を配りましょう。重要なのは、ビルドステータスのフィードバックを向上させ、ビルドが壊れたことをすぐにチームが把握できるようにすることです。

ビルドステータスのフィードバックを向上させる

　CIサーバーでビルドを実行し、テスト結果を通知できるようになれば、もはやビルドトークンは不要です。開発者はコードをチェックインして、すぐに先へ進めばいいのです。今度は、チームの全員がアラートを受け取ることが重要になります。最後のチェックインでテストが失敗している可能性があるからです。ただし、開発者にメールで通知するのはあまりいい方法とはいえません。プログラミングしているときにはメールクライアントを閉じているものだからです。その代わり、テストが失敗したことがチーム全体に伝わるように、ビルドページを興味深いものにするという方法があります。このことについては、イヴァンがコラム「ビルドページを強化する」で説明しています。また、ビルドページのスクリーンショットを図10.3に掲載しています。

ビルドページを強化する

by イヴァン・ムーア (Team Optimization)

　私たちは「South Park Studio」[*5]でチーム全員のキャラクターを作り、チームボードで使っています。各自が担当しているストーリーの横に貼り、誰が何を担当しているのかがわかるようになっています。これはチームで大流行しました。

　以前は、ビルドが壊れたまま、誰も修正する人がいないという問題がありました。そこで、CIツールとbuild-o-matic[*6]を導入し、コミットメッセージをスクレイピングして、そこから開発者の名前やイニシャルを見つけ、キャラクターの画像とマッチさせて、ビルドステータスモニターのビルド結果ページに表示させました。

　ビルドページにキャラクターの画像を表示する効果には驚かされました。このページを見ると誰もが笑い出し、みんなから注目が集まりました。ビルドにも気づくようになりました。ビルドが壊れていたら、すぐに修正されるようになりました。どのコミットで壊れたのかが、見ればすぐわかるようになっていたからです。

　修正を検知してビルドが開始されたら、チェックインした人のキャラクターがすぐに表示されるようになっています。つまり、コードをチェックインした人が、その変更を反映したビルドが実行できているかを簡単に確認できるのです。

▲ 図10.3　アバターを表示したビルドページ

　フィードバックには、見える化だけでなくスピードも必要です。すべてのテストを実行するまでに時間がかかるようなら、それが終わるまでチェックインを控える

[*5] http://www.sp-studio.de/

[*6] http://build-o-matic.sourceforge.net/

開発者も出てくるでしょう。みんなが「他の人がビルドを壊した」と思っているので、誰も修正しようとはしないでしょう。

10.3 テスト駆動開発を持続させる

これまでは、TDDとCIを導入する方法を説明してきました。これらのプラクティスをチームが導入したあとは、それを持続できるようにあなたがサポートする必要があります。チームがすでにTDDの導入に自信を持っているのであれば、他に手伝えることはないのでしょうか？

実行の遅いテストには気をつけましょう。以下は、テストに自信を持っていたチームが、実行の遅いテストに邪魔された物語です。こうした事態を避けるために、チームにはビルドスクリプトとインフラを改善する時間を考慮に入れてもらいましょう。

実行の遅いテストの影響

by リズ

完全な自動受け入れテストスイートを持っているチームと一緒に働いていたことがあります。ただし、そのテストスイートの実行には、2時間かかっていました。つまり、コードをチェックインする前に、すべてのテストを実行できないということです。したがって、テストをパスしないコードが頻繁にチェックインされていました。2時間後のテスト結果に気づくまで、複数の開発者がコードをチェックインしているのです。そして、みんなが誰か他の人がテストを壊したと思っているのです。結果として、テストは常に失敗していました。

このチームは、受け入れテストをパスさせることが、ユーザーストーリーの「完成」の一部だとは考えていなかったのです。次第に失敗するテストが増えていき、コードベースの品質は少しずつ悪くなっていきました。この受け入れテストは、価値を高めるものではありませんでした。

コーチとして私は、開発者たちにテストスイートの高速化を勧めました。それから、受け入れテストが失敗しているときにコードを追加しないように求めました。ですが、プロジェクトからのプレッシャーが大きく、開発者たちは多くのストーリーを実装することに集中すべきだと感じていました。

ある日、対処が必要な事態が発生しました。そこで、何人かの開発者が壊れたテストの修復に取り掛かりました。その他の人たちは、QAチームによるプロダクトのテストを手伝いました。つまり、既存のテストがパスするまで、誰も新規の機能を追加しなかったのです。

テストはその日のうちに修正されました。しかし、テストスイートの実行はまだ遅く、次の日には再び失敗してしまいました。プロジェクトが終わるまで、ずっとテストは壊れたままでした。納期を守るために、チームはますます手を抜くようになりました。納期が近づいても、誰も「完成」までの道のりを把握できていませんでした。結局、自動テストで回避しようとしていた恐ろしいテストフェーズをなんとか切り抜けながら、最終的にリリースまでこぎつけることができました。

> **リズの言葉**
> **10分ビルド**
>
> このチームにはすばやく実行できる自動テストスイートが必要だったのね。時間がかかっていたら、開発者はテストがパスするまで待てないわ。アプリケーションをビルドして、テストを実行するまでの時間に注目して。10分を超えていたら、テストを高速化することに時間をかける必要があるわ。

　実行に時間のかかるテストの数が少なければ、それらを別のテストスイートに分離して、バックグラウンドで実行すればいいでしょう。数が多ければ、外部リソースに依存した貧弱な設計のテストを見直す必要があります。外部リソースを模倣するために、テストダブル（モックオブジェクトやスタブ）を利用したテストを書く必要があるかもしれません。また、テストをビルドファームで分散処理するソリューションもあります。

　チームが実際にテストで開発を駆動するには、多くのサポートと励ましが必要です。「1行だけの変更だから」という言い訳に惑わされてはいけません。テストのない1行だけの変更が積み重なれば、いずれレガシーコードのテストを書かない理由になるでしょう。

　チームと協力して、テストカバレッジを見える化しましょう。コード量に合わせて、だいたい同じ割合で増えていくといいでしょう。コードカバレッジ分析ツールは、カバレッジの計測にしか使えません。つまり、テストがすべてのコードを実行しているかをチェックしているだけであり、テストがどれだけ優れているかをチェックしているわけではないのです。貧弱なテストにごまかされないように注意しましょう。

パスしたテストを見える化する

by リズ

　一緒に仕事をしていたチームがTDDに初挑戦したことがありました。私は、パスしたテストと失敗したテストの数をチームボードに貼り出すようにしました。チームがうまくできているかを確認するために、デイリースタンドアップでその数をレビューしました。これにより、チームはテストのことを常に気にかけるようになりました。

　チームがTDDに慣れ、忘れずにすべてのテストをパスさせられるようになるまで、1か月間はそれを続けていました。

　テストカバレッジが改善し、テストの実行が高速化したら、あとは何をすべきで

しょうか？ おそらくテスト戦略に戻る時期ですね。チームに視野を広げてもらい、テストのない別の場所を見つけてもらいましょう。

10.4　苦難

あなたがこれから遭遇する可能性のある苦難を紹介します。

テストツールが使えない

通常のプログラミング言語であれば、オープンソースのユニットテストツールが使えるはずです。しかし、プロプライエタリなプログラミング言語を使わなければいけないチームもあるでしょう。独自の言語を持ったサードパーティーのソフトウェアを使っていたり、独自の言語で書かれた資産を会社が数多く持っていたりするからです。使用しているプログラミング言語のツールが存在しないからといって、自動テストに移行できないわけではありません。簡単なものであれば、自分で自動テストフレームワークを作れます。あなたからチームに働きかけてみましょう。

テストファーストの規律を守る

TDDを導入するときは、テストファーストに移行するところが難しいかもしれません。テスト「アフター」でやっている開発者もいるはずです。それは当然の話です。私もテストの目星をつけるために、コードの概要を書くことがありますが、そのときはテストを書く前にソリューションを書いてしまいます。ペアで設計すると、TDDを始めやすくなります。

チームの開発者がテストファーストを書くことに強く反対しているなら、お試し期間だけやってみるのはどうかと提案してみましょう。テストカバレッジが同等のレベルなら、テストアフターで書いても特に問題はないでしょう。ただし、他のチームメンバーに影響を及ぼさないように注意してください。問題になったら、ふりかえりで取り上げましょう。

全員がそれぞれのブランチで作業している

ブランチ戦略にはさまざまなものがありますが、CIと互換性がないのは、全員がそれぞれのブランチで作業するというものです。開発者がお互いに干渉しないように、このやり方を採用しているチームもあります。

ですが、このやり方には問題があります。同じチームの開発者で解釈の違いが明らかになり、インテグレーションに時間がかかってしまうからです。統合するたびに他のコードを破壊し、欠陥を生み出すリスクもあります。CIのポイントは、小さくて頻繁なインテグレーションであれば、時間もかからず苦痛も少ないこと、CIに追従していれば、開発者たちの足並みがそろうということです。

チームがインテグレーションを遅らせていることに気づいたら、チームに与える問題の可能性について議論することを勧めます。数週間ほどCIに挑戦してもらい、ふりかえりのときにレビューしてもらいましょう。

10.5　チェックリスト

- テスト駆動開発に移行する時間を与えましょう。チームが一気に理解できる大きなチャンスです。反復的アプローチでTDDを導入しましょう。妨害するものをチームが理解するまでは時間をかけましょう。それから、PrOpERサイクルを適用しましょう。

- 新規プロジェクトであれば、すぐにテストファーストを始めることができます。既存コードのテストを改良する必要があれば、どこから着手すべきかを把握するために時間をかける必要があるでしょう。レガシーコードのテストの書き方が身につくまでは、1日に書ける自動テストはそれほど多くはありません。また、テストファーストではなく、テストアフターから始めることになるでしょう。

- チーム全体で、TDDでテストを書き、テストを実行する必要があることに合意しなければいけません。TDDで解決される問題について、チームで理解するようにしましょう。

- チームが自動テストの書き方を学ぶ時間を計画に含めましょう。トレーニングを実施したり、コーディング道場を開催したりするなどして、チームの学習を支援しましょう。

- チームを集めて、テスト戦略に合意してもらいましょう。中間にあるユニットテストから着手すると安全です。テストの保存場所や実行方法など、自動テストの基本的なことに合意することも忘れないようにしましょう。次にどこに取り組むかについて、チームと一緒にテスト戦略をレビューしましょう。

- 継続的インテグレーションは、ツールではなく態度です。ビルドサーバーに頼る前に、同期型CIプロセスから始めることをチームに提案しましょう。

- CIサーバーを使えば、壊れたテストを修正することにチームが責任を持てるようになります。ビルドステータスをメールに埋もれさせるのではなく、チーム全体に見える化しましょう。

- 実行の遅いテストに注意しましょう。ビルドスクリプトとインフラの改善の時間を計画に含めてもらいましょう。テストカバレッジは自分たちがどれだけうまくやっているかを理解する助けになります。

毎日ソフトウェアの設計を改善せよ。
　——指導原則

第 **11** 章

クリーンコード

Clean Code

　家の整理、整頓、清掃をすることは、明らかに重要です。それらを怠れば、いずれ住めなくなるでしょう。それと同じように、チームがコードをクリーンに維持する時間を作らなければ、安定性のない散らかったコードになってしまいます。そして、チームの速度が落ちるのです。あなたはコーチとして、常にコードがクリーンで、テストされ、統合されているようにする方法をチームに学んでもらいましょう。

　ここで紹介するのは、チームにクリーンコードに注目してもらい、インクリメンタルな設計、コードの共同所有、ペアプログラミングなどのアジャイルプラクティスを始めてもらう方法です。また、チームが協力してクリーンコードを作ることを阻害している問題を明らかにして、それらをうまく解消するヒントを共有します。

11.1　インクリメンタルな設計

　インクリメンタルな設計とは、時間をかけて少しずつソフトウェアの設計を改善していくというものです。設計の改善を開発者の日常的な行為にするのです。すべてのユーザーストーリーに対して行うものであり、あとからやるものではありません。このようにすれば、開発者はテストを書くとき、そのテストをパスするコードを実装するとき、コードをチェックインする前に、ソフトウェアの設計について考えることができます。

　しかし、事前設計からインクリメンタルな設計に移行するのは簡単なことではありません。「ソフトウェアの設計にかける時間」と「コードを実装する時間」の適正なバランスが取れるようにチームを支援しましょう。そして、より多くのユーザーストーリーを実現してもらいましょう。

分析麻痺からの脱出

　チームがプロジェクト初期に**分析麻痺**になることがよくあります。チームを分析

麻痺から脱出させ、動くソフトウェアを作らずに設計のことばかり考えている時間を短縮してもらいましょう。

前へ進めない要因を特定しましょう。これから出てくる要求をすべて踏まえた正しい設計をしようとしているのでしょうか？ 今決めるとあとから戻せないと不安に思っているのでしょうか？ すべての要求を予言できる水晶玉などありません。そのことをチームにわかってもらいましょう。いくら議論を重ねても正しい答えは出てきません。アイデアが有効かどうかを証明するには、実装するしかありません。

チームには**現在**のための設計を推奨しましょう。現在のニーズを満たすために、できるだけシンプルな設計を維持してもらうのです。近視眼的になれと言っているわけではありません。これから出てくるユーザーストーリーを考慮に入れて設計しても構いません。何度も設計を繰り返せば、品質が向上します。そのことを開発者に気づいてもらいましょう。やり直すたびに設計は洗練され、適応力が向上していきます。

前へ進むことに合意する

アーキテクチャの設計方針に合意できないと、チームが前へ進めなくなります。チーム内に開発者とその他の専門家の勢力争いがあると、このような衝突がたびたび生じます。よくある議論は、ロジックを「フロントエンド」「ミドルウェア」「ストアドプロシージャ」のどこに置くかというものです。チームが行き詰まってしまうのは、意見の不一致を自分たちで解消する方法を知らないからです。

チームが行き詰まったら、設計の選択肢の長所と短所を評価するワークショップを開催しましょう。可能であれば、チーム外から専門家を呼んで、独自の意見を提供してもらいましょう。それぞれの選択肢に同じだけ時間をかけましょう。チームにそれぞれの設計をホワイトボードに書いてもらうといいでしょう。そうすれば、選択肢の魅力だけでなく、欠点についても議論できます。チームには、次のイテレーションで使う設計を選択してもらい、懸念点についてはふりかえりでレビューすることに合意してもらいましょう。チーム内に何らかの圧力があるようなら、匿名での投票を提案してもいいでしょう。

設計の時間を作る

分析麻痺よりも多いのが、それとは正反対の問題です。つまり、チームが「設計に時間をかけられない」というものです。設計は外側からは見えないので、顧客から接することができず、開発者もおろそかにすることがあります。とにかくデリバリーしなければいけないというプレッシャーが強いと、開発者はきちんと設計せずに、とりあえず動くだけのコードを書いてしまいます。設計を省略したほうが、短期的には早くユーザーストーリーを届けることができるからです。ですが、設計に配慮

しなければ、コードの理解や変更が難しくなります。結果として、チーム全体の速度は低下し、深刻な場合には、コード全体を破棄しなければいけなくなります。

ユーザーストーリーを実装するときに、設計のことを常に意識してもらえるようにチームを支援しましょう。計画には、設計の議論やリファクタリングの時間も含めてもらいましょう。ただし、すべてのストーリーに設計タスクを追加すればいいわけではありません。設計は、チェックマークをつけられるような独立したタスクではありません。チームがどのようにコードを開発するかを統合したものでなければいけません。いくつかのストーリーで設計の議論が必要になった場合は、リマインダーとしてチームボードにカードを追加しておきましょう。

「完成」の定義に「設計レビュー」を組み込むことで、チームにクリーンコードのことを忘れないようにしてもらうこともできます。チームの約束として、チェックインする前に他の開発者にコードを見てもらうことを決めておけば、コード（とユニットテスト）が少なくとも他の1人のチームメンバーにとって理解しやすいものとなります。あるいは、これをペアプログラミングで実現することもできるでしょう。すべてのプロダクションコードを2人の開発者がペアになって開発するのです。

ホワイトボードを入手しましょう。その周囲にチームが集まって、設計に関する非公式な話し合いをするのです。ミーティングルームよりも、開発者が座っている場所の近くに置きましょう。設計の話し合いは自然と生じるものだからです。開発者が何かを説明しようと思ったときに、マーカーを手にとってスケッチを描けば、要点が伝わりやすくなります。まずは、あなたが設計の話し合いにホワイトボードを使うようにしましょう。そうすれば、チームもホワイトボードを使うようになるでしょう。

チームメンバーがインクリメンタルな設計をするようになれば、ストーリーの開発中はコードの設計に注意を払うようになります。コードを実装する前に設計について話し合うようになりますし、コードを実装するときもコードをクリーンにしていくようになります。ただし、一気に複数の変更ができるようになるわけではなく、可能になるのは少しずつ設計を変更していくことです。チームには、リファクタリングを使いながら、大改革ではなく、小さな変更をひとつずつ進めてもらいましょう。

リファクタリング

リファクタリングとは、ソフトウェアの振る舞いを変更することなく、設計を向上させる活動のことです。「フィールド名の変更」や「メソッドの抽出」といった小さな変更を一度にひとつずつ適用してきます。リファクタリングが終わるたびに、テストを実行してパスすることを確認します。テストがパスしたら、コードをチェックインできます。リファクタリングのガイドとしてお勧めなのは、ビル・ウェイク

の『リファクタリングワークブック』[Wak04] です。チームと一緒にできる演習がついているからです。

顧客にリファクタリングを説明する

　ストーリーを実装するときに小さなリファクタリングを適用しているのであれば、顧客にリファクタリングのことを説明する必要はないでしょう。ですが、開発者がデイリースタンドアップでリファクタリングについて言及したり、リファクタリングのタスクカードがチームボードに登場したりすると、顧客が興味を持ちます。そして、リファクタリングが設計の改善であると説明すると、「やったほうがいいが、やらなくてもいい」活動だと思われてしまいます。

　その場合は、比喩を使って説明するといいでしょう。リファクタリングは部屋の片づけのようなものです。買い物や出張から帰ったときには、モノをそこらへんに放り投げて、片づけようとはしません。すると、すぐに部屋が散らかってしまいます。モノがまったく見つかりません。買ったはずのモノが見つからないので、新しく買い直す羽目になります。部屋を移動することもままなりません。モノが至るところで山積みになっているからです！ 覆い隠されているので、下にあるものが壊れることもあります。

　リファクタリングは、コードを正しい場所に配置する行為です。正しい場所とは、他の開発者がすぐに簡単に見つけることができる場所です。リファクタリングとは、コードの整理整頓を続けるものです。開発者はリファクタリングをする必要があります。リファクタリングを怠れば、同じコードが複数の場所に存在することになるでしょう。その保守には膨大な労力がかかります。リファクタリングはコードの見た目を調整するものではありません。家の風水のようなものではなく、もっと基本的な片づけのようなものです。

リファクタリングすると、2つの意味で保守がしやすくなります。

- コードの再構成や名前の変更により、**リーダブルなコードになる**。
- 未使用のコードの統合や削除により、**冗長なコードが減少する**。

リーダブルコード

　チームはメンバーが理解しやすいコードを書かなければいけません。また、数年後にコードを保守する人でもすぐにわかるコードにする必要があります。ケント・ベックは『実装パターン』[Bec07]で、以下のように言っています。

　　読む側に伝わるようなコードを書くのに魔法があるわけじゃない。文章を書くときと、まったく同じである。読者を理解し、明確な全体像を頭に描き、ス

トーリー全体につながるように詳細を記述していく。

　コードでコミュニケーションする重要なステップは、他人のニーズに配慮する意識的な選択である、とベックは説明を続けています。チームの開発者には、読む側のことを考えてコードを書くことの大切さを理解してもらいましょう。「コードの共同所有」を実践すれば、チームメンバー全員が自分の書いていないコードに触れることができます。そうして、他の人が書いたコードの書き方に文句を言いながら、明確で読みやすいコードを書くことの必要性に気づくのです。「ペアプログラミング」はさらに一歩先を行っています。他人のプログラミングスタイルを間近に見ることで、コードの背景にある考えを理解する力を養い、チームメイトに指摘したり表現方法を教えたりすることを可能にするのです。

　時間をかけてコードを見渡すことをお勧めします。そうすれば、チームがどのようにソフトウェアを設計しているかの感覚がつかめます。これにより、設計が貧弱だったり、要求を誤解していたりするなど、これからコーチングが必要になる領域が明らかになるかもしれません。また、コードのコメントから設計に同意していないことが判明したり、チームで解消されていない課題が明らかになったりすることもあるでしょう。

暴露コメント

by レイチェル

　開発者の不満はコメントに表れることがあります。コメントを見れば、有益な気づきが得られるのです。以下は、私が関わったプロジェクトの例です。

> /* 本来であれば、これはビジネスオブジェクトにある参照用取得メソッドのレイジーロードの実装の一部となるもの。所持するオブジェクトをDAOで検索することで、EJBのコンテナ管理によるリレーションシップ（CMR）を手動で実装したい。だが、今回はデータベースコネクションを保持する方法が通常とは異なり、上位のセッションレイヤーからDAOに渡されるようになっている。その結果、tractオブジェクトとその子孫をすべてここで生成するしか方法がない。非常に汚く、DAOデザインパターンやサービスレイヤーの分離に完全に違反しており、保守も困難である。*/

　このコメントから、少なくともチームの開発者のひとりが設計の整合性に配慮しているものの、勝ち目のない戦いをしていると感じていることがわかります。私は、この開発者に協力することにしました。そして、ユニットテストの障壁になっているという理由から、絡み合った依存関係をリファクタリングする必要性があることをマネージャーに訴えました。

> **リズの言葉**
> **コメントなし**
>
> チームにはコメントを書かないように推奨して。コメントがあるとコードがごちゃごちゃするし、正しいことが書いてあるか信用できないわ。優れたコードは、コメントがなくても読みやすくて明快なものよ。コードにコメントが大量に書かれていたり、開発者がコードの内容を説明したりしているようなら、リファクタリングが必要だってことね。

リファクタリングツール

　ツールを使えば、設計の改善がしやすくなり、チームがインクリメンタルな設計を忘れなくなります。リファクタリングの自動化サポート（C#であればReSharper、JavaであればEclipseといったツールに搭載されています）があれば、設計の変更をすばやく、間違いも少なく行えるようになります。開発環境を整えるようにチームをコーチしましょう。

　リファクタリングツールをインストールするだけでは不十分です。開発者がそれを「いつ」「どのように」使うかを知る必要があります。すでにツールの使い方を知っているチームメンバーがいれば、その知識を伝達するためにペアプログラミングを実施するといいかもしれません。リファクタリングがはじめての人ばかりなら、チームで学習する時間を計画に含めておきましょう。コーディング道場を開催して、コードやテストの設計について話し合うことを推奨してもいいでしょう（第10章のコラム「コーディング道場」参照）。

11.2　コードの共同所有

　チームに**コードの共同所有**に挑戦するように伝えましょう。これは、チームメンバーの誰もがすべてのコードを編集できるというものです。このようにすれば、既存のコードを書いた人の手が空いていなくても、開発者なら誰もが次のストーリーに着手できます。

　コードの共同所有にはチームの協力が欠かせません。チームが協力していないと、気づかないうちに目的が相反する作業を行ってしまうこともあります。チームにいる開発者同士の会話のレベルに注意しましょう。会話がなければ、作業が分断されている可能性があります。お互いに話をすることなく、コードで戦いが勃発することもあります。それぞれの開発者が自分の好みに合わせてコードを書き換え、結果として穴だらけのパッチワークのキルトみたいになるのです。あなたがやるべきことは、みんなを黙って苦しませることではなく、協力的な「チーム」として一緒に仕

事をしてもらうことです。

コーディングスタイル

チームが一貫性のある設計やコーディングのスタイルに従っていれば、コードの共同所有は簡単になります。コーディング標準を文書化する必要があると言っているわけではありません。全員が追従できる「独自のスタイル」を作ればいいのです。

チームに共通のコーディングスタイルを守ってもらいましょう。チームが導入したいと思うスタイルで構いません。激しい議論になる可能性もあるでしょう。コーディングスタイルに唯一の正しい答えはなく、開発者は自分が学んだコードレイアウトに強いこだわりを持つからで

チームに共通のコーディングスタイルを守ってもらいましょう。

す。それでも、コーディングスタイルは統一したほうがいいでしょう。そうすれば、リーダブルなコードになり、個人の好みに合わせてフォーマットを変更するような時間のムダが減ります。「合意の段階」（「2.4　合意を形成する」参照）を使えば、提案されたガイドラインに対する合意が得られたかどうかを判断できます。もっと簡単にやるなら、これから紹介する物語のチームのように「親指投票」で決めてもいいでしょう。

コーディングガイドラインに対するチームの合意

チームが新しいホワイトボードの周りに集まりました。ジョーが起立して咳払いをしています。

「えー、このミーティングを開いたのは、これからコードを綺麗にするためです」

そして、ホワイトボードに近づき、マーカーを手に取りました。

「まずは、みんなで合意できるスタイルガイドラインを作りましょう」

ダミアンがあきれた表情をしています。

「中括弧をどこに置くかを話し合うだけじゃないの？」

ジョーはチームに思い出させようとしています。

「前回のふりかえりでコードを綺麗にすると話し合ったじゃないか。だから、みんなでやるんだよ。そうしないと新しいコードもPLibみたいにひどいことになるぞ」

ジョーは期待した顔でチームを見回しました。

「誰かみんなで守れるようなガイドラインを持ってたりしない？」

ラリーが窓の外を見ています。目の下には濃い影ができています。ジョーがラリーを呼びました。

「ちゃんと話、聞いてる？」

ラリーはようやく我に返りました。

「もちろん。これからはテストの名前に気をつけよう。Testで始まっているものもあるし、Testで終わっているものもある。それがデタラメに思えるんだ。個人的にはどっちが好きっ

ていうのはないんだけど、どっちかに統一したほうがテストは探しやすくなるはずだよ」

ダミアンは驚いているようでした。

「わかる！ そのほうがいい」

「何か異論はありますか？」そう聞きながら、ジョーがホワイトボードに「今後、テストクラスの名前はxxxTestではなくTestxxxにする」と書きました。

「それじゃあ、親指投票しましょう」

ダミアンが「もちろん賛成！」と言いながら、親指をあげました。

ラリーとジョーも親指をあげました。

ダミアンがレベッカのほうを見て「賛成でしょ？」と言いました。彼女はうなずき、親指をあげました。

そして、彼女はこう続けました。

「関数を極力短くするのはどう？ そうすれば、ひとつの関数で、ひとつのことだけをするようになるわ。ボブおじさんが『Clean Code』[Mar08]にそう書いてたの」

ダミアンはペンの口に挟みながら、椅子の背もたれに寄りかかりました。

「それはよさそうだね。だけど、『短く』の意味をはっきりさせないと、まだ賛成はできないな」

レベッカは一瞬考えてから、こう言いました。

「大学では、関数は画面からはみ出してはいけないと習いました。でも、会社のモニターは大きいですよね。だから、それよりは短くする必要はあると思います。そうすれば、ひとつの関数で、ひとつのことだけができるようになりますよ」

ジョーが再びマーカーを手に取りました。

「もしかするとコードの行数で指定できるかもしれないね」

レベッカはアゴに手をあてて、こう提案しました。

「すべての関数を10行以下にするのはどうですか？」

ダミアンは眉をひそめました。

「それはどうかなあ。古いPLibのコードには、めちゃくちゃ長い関数もあったはずだよね」

ラリーがうなずきました。

「200行を超えるものもあったと思う。画面に収まらないから、印刷しないと何をやってるかわかんなかった」

ジョーが「提案があるんだけど」と言いながら、ホワイトボードに「新規に作成する関数は10行未満でなければいけない」と書きました。

「これでOKじゃない？」

みんなが親指をあげました。

ダミアンが身を乗り出しました。

「静的解析ツールで計測することも可能だけどね。そうすれば、コーディング標準に効果があるかどうかもわかる。標準に従っていれば、関数のコード行数は毎週減っていくだろうし、それをグラフにすることもできるよ」

「それじゃあ、設定してもらえる？」と、ジョーが依頼しました。

ダミアンはインデックスカードをつかむと、チームボードに貼るタスクを書き出しました。

「もちろん！ ずっと使い道を探してたんだよね。たぶんCIビルドに組み込むこともできるよ」

「それじゃあ、CIビルドが動くまでは、私が統計情報を印刷してチームボードに貼り出しますね」

と、最後にレベッカがつけ加えました。

新しいコーディングガイドラインができたら、チームが選択したベンチマークの計測が重要かどうかを議論してもらいましょう。

物語の例では、10行以上の関数の数を計測するために、静的解析ツールを使うことを計画していました。ですが、気をつけてください。データが多すぎるとノイズになってしまいます。チームには新しい情報によって何をするのかを明確にしてもらいましょう。結果をグラフにする場合も、チームボードにピンで留めておくこともできますし、ビルドモニターの画面に映して動的に更新することもできます。

結果を見える化しておけば、全員に思い出してもらえますし、それを守っているかどうかもわかります。数週間後あるいは数か月後には、長い関数の個数を数える必要はなくなっているはずです。期待どおりになっていなければ、チームはその理由を見極める必要があります。ふりかえりのときに話し合うといいでしょう。

「専門家」に対処する

コードの共同所有で最も難しいのは、コーディングスタイルに合意することだと思われるかもしれません。ですが、本当に難しいのは、開発者が自分専用のコードだと思っていることをやめさせることです。以前から担当している人のほうが、バグの修正も機能の追加も早くできるでしょう。ですが、それではスケジュールのボトルネックになる可能性があります。

専門性が高まると、チームで設計について話し合ったり、困ったときに助けを求めたりする必要性も下がります。開発者同士が会話をしていなければ、このように専門化しているのです。防止策としては、ペアプログラミングが有効です。私たちが一緒に働いたことのあるいくつかのチームでは、ペアの片方が毎日交代するという簡単なルールを守っていました。こうすれば、同じユーザーストーリーに特化することなく、チームの全員が複数のユーザーストーリーに関わることができます。

>
> **レイチェルの言葉**
> **コードを気にかけていいのよ**
>
> 　ほとんどのソフトウェア開発者は、コードを書くのが大好きね。でも、多くの人はうんざりしているわ。自分たちのコードベースが美しくない状態だから。コードに対する熱意を蘇らせることができたら、また仕事に誇りを持ってもらえるようになるわ。再び楽しくコーディングすることができるようになるの。じゃあ、それを妨げているものは何かしら？
> 　「自主規制」が問題の一部かもしれないわね。開発者は改善のために時間を割くのは許されないと思い込んでいて、仕事をちゃんとやるために必要だと思っていることを説明しないのよね。自分のプロとしての判断よりも、ビジネス上の短期的な要求を優先させちゃってるの。
> 　あるいは、自分たちの意見が尊重されないとか、メリットを定量化するのは難しいだろうと気にしているのかも。チームで協力して計画を立て、タスクや見積りについて話し合ったなら、それは個人ではなくチームとしての意思決定になるわ。それぞれが孤軍奮闘するのではなく、お互いに協力し合えば、何か違ってくるはずよ。

割れ窓の修復

　コードの共同所有によって、開発者がコードに対する責任を失わないように注意する必要があります。『達人プログラマー』[HT00]のなかで、アンディ・ハントとデイヴ・トーマスが「割れ窓」理論について説明しています。つまり、コードに配慮しないという小さな兆候が、大きな逸脱につながる可能性があるということです。

　これまでに説明したPrOpERサイクルを適用してみましょう（「1.4　コーチングの始め方」参照）。コードに対する最も悩ましいことについて、開発者たちに話を聞くのです。悩みの核心をつかむために、個人的に話をする必要があるかもしれません。コードの特定の部分がひどい状況になっているか、設計の問題でチーム内に衝突が起きている可能性があります。あるいは、古くて面倒なコードベースにチームが取り組んでいて、それらを綺麗にする作業で忙しいだけということもあります。コードを再建するアクションプランを作ることを支援しましょう。問題を把握して小さな単位に分解するだけで、大きな効果が生まれます。諦めていた開発者たちだって、やる気を取り戻せるでしょう。

11.3　ペアプログラミング

　ペアプログラミングとは、2人が一緒に仕事をすることです（同じコンピューターを使い、同じ問題を解決します）。片方がソフトウェアを積極的に開発する役割を担

います。こちらの実際にタイピングするほうを**ドライバー**と呼びます。もう片方は、次のステップや潜在的な落とし穴に配慮する役割を担います。こちらを**ナビゲーター**と呼びます。この2つの役割は流動的に切り替わります。

ペアプログラミングがもたらすメリットを紹介しましょう。

- コードを定期的にレビューするのと同じなので、品質が高まる。
- 優れたプラクティスがチーム内で広く共有される。
- 一緒に働いている人たちの邪魔はできないので、開発者が作業を中断されることが減る。
- 複数の開発者がコードの各部分について把握できる。
- コーディングスタイルが統一される。それによって、全員が一緒に働きやすくなる。
- お互いに学び合い、一緒に働くことを楽しめるので、チームの絆が深まる。

プログラミングができる人なら、開発者たちにコードの書き方を教えたいこともあるでしょう。ですが、これには注意が必要です。それは時間のムダかもしれないのです。プロジェクトでプログラミングを担当しているのでなければ、あなたのコーディングの経験は無視される可能性は高くなります。開発者たちは、あなたが役割の範囲を超えて、自分たちの仕事のやり方に口を挟んでいると考えるでしょう。ですから、アドバイスは控えめにすべきです。ですが、ペアプログラミングであれば、開発者に個別にコーチングできます。こうしたコーチングを試したことはないかもしれませんが、あなたのスタイルを改善するヒントをこれから紹介します。

ドライバーのときは、黙ってコードを入力してはいけません。ペアプログラミングをするときは、「何を」「なぜ」しているのかを説明しましょう。そして、それがペアプログラミングの重要な側面であることを示しましょう。ペアの

> 「何を」「なぜ」しているのかを説明しましょう。

相手がキーボードを触っているときは、バックシートドライバー（後部座席からドライバーに指示を出す人）にならないようにしましょう。入力ミスをするたびに文句を言い、キーボードショートカットを使えと怒鳴るような相手とはペアを組みたくありません。

ペアの相手からの提案は快く受け入れましょう。たとえ相手が初心者であってもです。**初心忘るべからず**という言葉があります。新鮮な視点で物事を見る人は、あなたよりも選択肢が多いかもしれません。そのソリューションしかないと思っていても、ペアの相手が提案するソリューションを前向きに検討してみましょう。失敗しても何かを学べるでしょうし、成功したらあなたが何かを学べます！

このことをうまく活用するために、アルロ・ベルシーのチームがペアの交代時間に関する実験をしています。詳細については、「Promiscuous Pairing and Beginner's Mind」[Bel05]で読むことができます。

リズの言葉
2台のモニター

2人で1台のコンピューターを共有していると、窮屈な感じがするかもしれないわね。それを解消するために（下の写真のように）1台のコンピューターに、モニターを2台、キーボードを2つ、マウスを2つ接続して。そして、2台のモニターには同じコードが表示されるようにするの。こうすれば、お互いのパーソナルスペースを侵害せずに、ペアで作業ができるようになるわ。ドライバーとナビゲーターの役割を交代するのも簡単になるのよ。

ペアプログラミングがうまくできていない光景を目にすることがあります。片方がすべての作業を担当し、もう片方がその様子を見ているだけというものです。ペアのやり取りに注目してください。うまくいっているペアは、まるでダンスをしているかのようです。キーボードが頻繁に自然に2人のあいだを行き来しています。YouTubeに「Real Programmers Use Sign Language」[*1]という動画があります。ペアの開発者がジェスチャーを多用していることがわかるでしょう。

---

*1 http://www.youtube.com/watch?v=nqYqQUfPCp8

また、ペアプログラミングのオンライン動画もあります[2]。これを見れば、ペアプログラミングのやり取りの様子がつかめるでしょう。

通常、片方が10分以上キーボードを持つべきではありません。ピンポンプログラミング（コラム「ピンポンプログラミング」参照）をチームに紹介すれば、ペアとコントロール権を交代することに慣れるでしょう。

ペアプログラミングを導入すると、最初は開発者がフラストレーションを感じるかもしれません。コードを書くよりもチームメイトを助けることになり、速度が落ちるからです。ですが、チームがお互いの弱点を把握するなかで、スタイルに惑わされることなく、目の前のタスクにフォーカスできるようになり、リーダブルなコードを書けるようになるのです。あなたもいずれそのことに気づくでしょう。

ペアプログラミングは消耗します。膨大な集中力を必要とするからです。1時間ごとに休憩を挟んだほうがいいことをチームに伝えましょう。そのためにキッチンタイマーを使っているチームもあります。また、コラム「ポモドーロテクニック」で紹介しているポモドーロテクニックを使い、定期的に休憩を挟んでいるところもあります。

ペアを交代するのもいいでしょう。どのタスクをペアでやるかについて話し合うのは、デイリースタンドアップが最適です。タスクが決まれば、次は誰とやるかを決めましょう。チームには、ペアの組み合わせ表を作ってもらいましょう（「8.2　大きな見える化チャート」参照）。そうすれば、チームメンバーが均等にペアを組んでいるかどうかがわかります。

ピンポンプログラミング

ピンポンプログラミングとは、キーボードを受け渡しながらやるペアプログラミングです[3]。

- 最初の開発者が失敗するテストを書いて、次の開発者にキーボードを渡します。
- 次の開発者がテストをパスさせる最小限のコードを書きます。
- 2人で協力して、書いたコードをリファクタリングします。
- 同じサイクルを開始します。今度は2番目の開発者が失敗するテストを書いて、最初の開発者にキーボードを渡します。

---

[2]　http://pairwith.us/

[3]　http://c2.com/cgi/wiki?PairProgrammingPingPongPattern

ポモドーロテクニック

ポモドーロテクニック[4]とは、集中力を高めるタイムマネジメント手法です。XPLabsのフランチェスコ・シリロが作りました。

25分間のタイムボックスで仕事して、5分間の休憩を挟みます。タイムボックスが4回終わると、長い休憩を挟みます。このタイムボックスのことを**ポモドーロ**と呼びます。これはイタリア語で「トマト」を意味します。元々はトマトの形をしたキッチンタイマーが使われていたからです。

ポモドーロを開始するときは、メール、インスタントメッセンジャー、電話をすべて切ります。タイマーを25分に設定して、仕事を開始します。仕事以外のことはしてはいけません。誰かが割り込んできたら、このポモドーロが終わったあとで折り返すと伝えましょう。他のことが思い浮かんだら、それを書き留めておいて、本来やるべきことに戻ります。

タイマーが鳴ったら休憩です。ストーリーカードや日誌にチェックをつけて、数分間ほど休憩しましょう。

1日の最初にポモドーロの使い方について、チームと一緒に計画を立てるといいでしょう。そして、1日の終わりに各活動のポモドーロを集計して、今後の見積りの向上に役立てましょう。

11.4　苦難

あなたがこれから遭遇する可能性のある苦難を紹介します。

開発者がペアプログラミングを嫌う

ペアプログラミングが好きな開発者もいれば、嫌いな開発者もいます。ペアプログラミングに対する反発に注意しましょう。そして、その理由を理解しましょう。

よくある理由は、ペアで仕事をする方法がわからないというものです。ペアの相手が作業しているときに、ただ見ているだけの人がいますが、これでは楽しいはずがありません。ペアプログラミングにおけるやり取りの方法を説明して、ピンポンプログラミングに挑戦してもらいましょう。

必要だと感じるペアプログラミングの時間をチームで話し合いましょう。どれくらいの時間が適切だと感じますか？（どれくらいの時間を想定していますか？　どれくらいの時間を自由にしたいですか？）そのためのワーキングアグリーメントは必要ですか？　すべてのプロダクションコードをペアで書くチームもありますし、難しい問題のところだけペアで書くというチームもあります。ペアにならない場合は、そ

---

[4]　http://www.pomodorotechnique.com/

のときに書いたコードをレビューする必要があるでしょう。

開発者がチームのコーディングプラクティスに従わない

コードの品質に配慮することを開発者に強制はできません。チームの約束に従わないチームメンバーがいたときは、コーチとして対処することが重要です。たとえば、ある開発者がコンパイルできないコードを家に帰る直前にチェックインして、チームメイトに問題を修正させるようなことが定期的に発生しているなどです。

チームの約束を軽視することがチームを悩ませているのであれば、その開発者と話し合い、理由を理解しましょう。チームの約束を忘れているのかもしれませんし、仕事への適用方法がよくわかっていないのかもしれません。チームの約束を理解した上で、あえて破っているのであれば、その開発者を他のチームに移動させる合図なのかもしれません。

ふりかえりでチームとして話し合うこともできますが、私たちは避けたほうがいいと思います。なぜなら、すぐに責任転嫁につながるからです。

プログラミング言語の違いがペアプログラミングの障壁になっている

レイヤー構造のシステムを作っていると、フロント、ミドル、バックエンドの技術がそれぞれ異なることがあります。レイヤーごとにプログラミング言語を切り替えていると、学習曲線が急すぎると思われるかもしれません。こうした状況では、同じ言語を知っている人たちでペアプログラミングをしたほうがいいでしょう。たとえば、C++の開発者がJavaScriptの開発者とペアになるのは、あまり合理的ではありません。

ペアプログラミングは、トレーニングの代わりではありません。たとえば、C++などの新しい言語を覚えたいと思ったら、ペアプログラミングをするよりも、トレーニングを受けたり、技術書を読んだりするほうがいいでしょう。また、専門知識が薄まると心配している開発者にも注意したほうがいいでしょう。

11.5　チェックリスト

- ソフトウェアの設計に費やす時間とコードを実装する時間のバランスが取れるように、チームをうまく支援しましょう。チームは、顧客のことを推測するよりも、自分たちがよく知っているユーザーストーリーの設計にフォーカスする必要があります。
- 計画のときに、インクリメンタルな設計の時間を作ることを思い出してもらいましょう。設計の話し合いをするときに、チームのワークスペースにあるホワイトボードを使う習慣をつけてもらいましょう。

- 技術的負債を積み上げるのではなく、チェックインする前にリファクタリングすることによって、ソフトウェアの設計を少しずつ改善してもらいましょう。リファクタリングツールを使えば、設計を改善する障壁が低くなります。チームにはツールの使い方を覚えてもらいましょう。
- チーム全体で共通のコーディングスタイルに合意してもらいましょう。チームがペアプログラミングを導入しないのであれば、ピアコードレビューを「完成」の定義に含めることを勧めましょう。
- 設計が古くなったコードの再建計画が立てられるように、チームを支援しましょう。割れ窓を修復すれば、チームの設計水準が向上します。
- ペアプログラミングによって、難しい問題を2人で協力して解決し、チーム内に知識を広めましょう。ペアプログラミングが快適にできるワークスペースを整えましょう。たとえば、同じデスクトップを表示できる2台のモニターを用意しましょう。
- ピンポンプログラミングを導入して、ドライバーとナビゲーターの役割を交代してもらいましょう。ペアがかたまらないように、適宜休憩を取りながらパートナーを交換してもらいましょう。

第 IV 部

フィードバックに耳を傾ける

ソフトウェアを改善するために、顧客にフィードバックを求めよ。
——指導原則

第 **12** 章

結果をデモする

Demonstrating Results

　学校でショー＆テルをやったことがあるなら、成果のデモを依頼されることが大きなモチベーションにつながることがわかるでしょう。アジャイルチームも同じです。デモがあれば、それまでにすべての作業を終わらせようという気になります。
　それなのに多くのアジャイルチームは、**デモ**を任意のイベントだと考えているようです。私が耳にした理由をいくつかあげましょう。

何も見せるものがない
　　そのイテレーションでは、デモできるソフトウェアを生み出すことをチームが計画していなかった。
すでに動いている
　　すでにイテレーション終了時にリリースしているので、今からデモしても意味がない。
顧客がチームにいる
　　イテレーションの途中ですでに顧客にソフトウェアを見せているので、デモには価値がないと考えている。

　確かにデモの形式を変える理由になりそうです。ですが、私たちはデモを廃止するつもりはありません。デモは、チームとビジネス側が信頼関係と結果責任を構築する場です。省略しようとしてはいけません。
　それでは、有益で生産的だと感じられるような効果の高いデモを実施できるように、チームを支援する様子を見ていきましょう。

12.1　デモの準備

　ミーティングをうまくやる秘訣は準備にあります。覚えておきましょう。なかで

もイテレーションデモの準備は重要です。

チームはイテレーション計画でデモをうま
くやるための種をまきます。ユーザーストー
リーをステークホルダーにデモする方法を
チームに考えてもらいましょう。それが難し

デモができるストーリーを
作る計画を立てましょう。

ければ、少なくとも1〜2つのユーザーストーリーを見せるという妥協案を提案して
みましょう。

誰がデモに参加するのか

チーム全員に「デモに参加してほしい」と知らせましょう。チームの時間のムダだ
と懸念するマネージャーもいます。ですが、チームの成果をデモする権利を守りま
しょう。そうしないと、チームのモチベーションを高める力が失われてしまいます。

ほとんどのチームは、構築したものを組織に披露する機会として、イテレーショ
ンデモを活用しています。招待するステークホルダーは顧客に決めてもらいましょ
う。営業部やマーケティング部の代表者でも構いませんし、他の技術チーム（アーキ
テクト、セキュリティ、オペレーション）でも構いません。招待する人が決まったら、
チームから招待状を送りましょう。1週間前に送っておけば、予定を押さえてもらえ
るはずです。

シニアエグゼクティブが来れば最高です。チームの成果を披露するチャンスです。
ただし、シニアエグゼクティブの都合に合わせて、イテレーションを延長するよう
なことをチームにさせてはいけません。その代わり、シニアエグゼクティブが最新
のリリースを見れるように、個別にデモを開催するといいでしょう。

はじめてデモに参加するステークホルダーに
は、プロセスの概要を伝えましょう。チームは
反復的なプロセスに従っており、デモしている
のは最終形のプロダクトではないことを理解し
てもらう必要があります。

ステークホルダーにイ
テレーションプロセス
の概要を伝えましょう。

デモの構成を決める

イテレーションの最終日に、チームはデモを開催する準備をする必要があります。
デイリースタンドアップのときにチームに知らせましょう。準備のためにできるこ
とを以下に列挙します。

- どのストーリーが完成して、デモの準備ができているかを明らかにする。
- ストーリーをプレゼンする順番を決める。
- どのストーリーを誰がプレゼンするかに合意する。

- デモのリハーサルを実施する。

タイムテーブルをワークスペースに貼り出して、準備すべきことを忘れないようにしているチームもあります。図12.1を参照してください（この組織はデモを**ショーケース**と呼んでいました）。

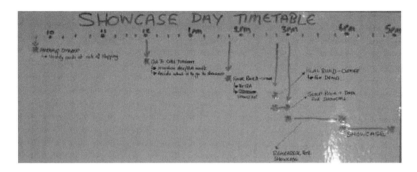

▲ 図12.1　イテレーション最終日のタイムテーブル

以下の物語は、デモの日の典型的な会話を示したものです。

デモの準備

　私たちはデイリースタンドアップの途中からチームに合流しました。新任のプロジェクトマネージャーであるラジがチームに何か言っています。
　「いつものイテレーションデモの部屋が予約できなかったので、11階でやりましょう。このあとネットワーク接続を確認しておきます。Jupiterに接続できればいいですよね？」
　「役員室ならネットワークアクセスも良好だったよ。先週、そこで運用チームとミーティングしたんだけど、バグトラッカーにも問題なくアクセスできたから」
　お気に入りのシンプソンズのTシャツを着たダミアンが言いました。
　「で、今週は誰がドーナツを持ってくるの？」
　「オレの番だ。でも、今週はフルーツじゃダメかな？」
　机の下のリンゴとオレンジの入った袋を指しながら、ジョーが笑って言いました。
　「素晴らしい！」と、レベッカが甲高く答えました。
　「私は甘いお菓子がダメなんですよ！　来月10キロ走るためにトレーニングしてるんです」
　「ありがとう、ジョー」と、ラジが腕時計をチラリと見ながら言いました。
　「今からデモの計画の確認をしてもいいですか？　今週は営業部長のマークがやってくるから、ちゃんとやらないといけないんですよ。［完成］のところにあるストーリーはすべて準備完了で、ISBN検索だけはまだテスト中。そうですよね？」と、テスターのラリーのほうを向いてラジが言いました。

ラリーは眠そうにスタートレックのマグでコーヒーをすすっています。

「いや、それも準備完了だよ。昨日、アマンダと一緒にバグ修正を確認したからね。[完成]に移動するのを忘れてた」

「素晴らしい！ 準備万端じゃないですか！」

ラジはごきげんの様子です。

続けて、ジョージがこう言いました。

「誰が何を説明するかは決めた？ ISBN検索をやったから、そこは俺が説明するよ。レベッカは他のストーリーを担当してもらえる？」

「はい、大丈夫だと思うんですけど……」と、レベッカが口ごもりました。

「そう不安にならないでよ。難しいことなんかないよ！ 書籍のカルーセル表示を見たら、マークはきっと驚くよ！」と、ジョーが言いました。

「わかりました。でも、データベースにアクセスできない問題が発生したときは、引き継いでもらってもいいですか？」

レベッカはまだ不安そうです。

「心配ないよ。先週のあれはサーバーの移行が原因だから今回は大丈夫。だよね、ダミアン？」

ダミアンは、同意してうなずきました。

そのとき、アマンダがインデックスカードの束を持って登場しました。

「みんな！ シンガポールオフィスとテレカンして、次のストーリーのアイデアについて話してきたわよ。スタンドアップ、もう終わっちゃった？」

「はい、デモの準備ができました」と、ラジが笑顔で答えました。

「残っているストーリーは、レコメンデーションエンジンのスパイクです。ただ、それは早く終わったときにやる『ストレッチストーリー』です」

「営業サイドに配慮すべきことはある？ 実装できるかを確認せずに、マークが新機能を約束してたりしてないよね？」

ダミアンが冗談気味に、半分本気で言いました。

アマンダが一息ついてから、こう言いました。

「今週はよくやったと思うわ。カルーセルのところはどう思われるでしょうね。興味あるわ」

レベッカはまだ不安そうです。

「アマンダ、カルーセルのところは私が担当するんですが、ミーティング前にリハーサルにつき合ってくれませんか？」

アマンダは笑顔で「もちろん！ でも、その前にコーヒー飲ませて」と答えました。

デイリースタンドアップは、ラジが上階へ、アマンダとレベッカが給湯室へ向かったことで、お開きになりました。

　この物語をふりかえってみましょう。2人以上のチームメンバーが、デモの準備に必要なことをチームに思い出させています。これがあなたがアジャイルコーチとして目指すところです。チームが責任を持ち、自分たちで準備できるようになれば、あなたは中央ステージでミーティングを取りまとめるのではなく、後方から支援す

ることになるでしょう。

技術的な準備

チームが最も避けたいのは、技術的な不具合でデモが台無しになることです。開発環境で動いていても、ミーティングルームからネットワークで接続すると動かない可能性があります。そのことをチームに忠告しましょう。ソフトウェアのデモは、テスト済みのクリーンな統合環境から行うべきです。デモを開催するミーティングルームからネットワーク接続できることも確認しましょう。そうしたことも忘れないようにしてもらいましょう。それから、デモで使用するリンクやファイル名などの重要な情報はWikiにまとめておきましょう。時間の節約になります。

最悪なデモ

by レイチェル

これまでにひどいデモをいくつか見たことがあります。チームのワークスペースで開催されたデモは、参加者たちが開発者の机を順番に回らされ、開発者の肩越しにデスクトップのモニターを見せられるというものでした。デモされたものがきちんと見える人はいませんでした。デモの順番も決まっておらず、参加者は2時間も立たされていました。

もうひとつのデモは、2つのリモートチームが共有デスクトップを使って開催したものでした。ただ、そこには顧客チームの代表が**誰もいませんでした！** デモされたソフトウェアは、完成していない機能の寄せ集めでした。しかも過去のイテレーションから持ち越されたものばかりでした。最悪だったのは、リモートチームと通信するコンピューターの設定です。音声にエコーがかかり、相手の言っていることが正しく聞き取れません。にもかかわらず、チームはこれを1時間以上も続けました。

ミーティングを始める前に、以下のことを実施しましょう。

- デモに必要な機材（プロジェクター、会議用電話、ペンなど）を準備しましょう。
- ネットワーク接続を確認しましょう。
- ミーティングが始まることをチームに知らせましょう。

12.2　全員が役割を果たす

ミーティングは顧客の紹介から始めましょう。それから、イテレーションのゴールと開発したユーザーストーリーを説明します。

その後、スポットライトはチームに移動します。本日は何を見せてくれるのでしょうか？ ソフトウェアのデモを始める前に、デモの順番と準備できていない重要なス

トーリーがあるかどうかを伝えることが重要です。何か不足しているものがあれば、最初から明確にしてもらいましょう。そうすれば、デモするものに集中してもらえます。なぜ不足分が発生したのかについては、デモのあとやイテレーションのふりかえりのときに、チームで議論するといいでしょう。

次に、チームが成果を報告します。ステークホルダーの前でプレゼンすることに緊張するメンバーもいるでしょう。できるだけみんなで役割を分担するべきですが、強制にならないように配慮しましょう。チームに話し合って決めてもらうといいでしょう。

リズの言葉
何か食べながら

ミーティングに食べ物を持ち込むと、みんながリラックスできて、ミーティングも和やかになるわよ。長時間のミーティングを中断するためにも使えるし、時間どおりに集まる気にさせることだってできるわ。ビスケットやドーナツを誰かがかわりばんこに持ってくるようにしているチームもあるわよ。

成果に対する称賛の声を耳にするのは、チームにとっては素晴らしいことです。ただし、称賛の声ばかりではありません。肯定的なフィードバックだけでなく、否定的なフィードバックもきちんと受け止めましょう。フィードバックは手元でインデックスカードに書き留めるといいでしょう。ホワイトボードに書いてしまうと、デモを妨げることになります。

ミーティングが終わる前に、フィードバックの主なポイントをレビューして、見落としたところがないかを確認しましょう。機能改良や新機能の提案は、今後の計画セッションのために保存しておきます。次のイテレーションで実装すると約束しないように、チームには警告しておきましょう。そうした決定は、次の計画セッションまで行うべきではありません。

ミーティングが終わる前に、ベロシティを記録しておきましょう。デモの最中に深刻なバグが見つかれば、そのストーリーのポイントをカウントしないこともあります。チームが届けるものが大幅に少なければ、解散前にリリース計画の変更について議論する必要があるかもしれません。

それでは、仮想チームのデモの様子を見てみましょう。

書籍検索のデモ

時刻は10時55分。

ラジが立ち上がり、チームに出発を促しました。

「エレベーターが遅いときがあるから、そろそろ11階に向かおう」

「私は階段で行きます。きっと一番乗りですね！」と、レベッカが答えました。

「オレも行こう。でも、このフルーツを持っていかないとだなあ」と、ジョーがエレベーターの方向に歩きながら言いました。

ダミアンはまだコーディングに熱中している様子です。

「ちょっと、ダミアン！ デモがもうすぐ始まりますよ！」と、レベッカが呼びました。

ダミアンはしばらく画面を見てから、みんなに続きました。

チームがミーティングルームに到着すると、ラジがプロジェクターの設定を終えて、チームのWikiページを表示させていました。豪華な役員室に一列に入場すると、ジョーが青リンゴのカゴをテーブルに置きました。ラリーがリンゴをひとつ手に取ると、革の椅子に腰を下ろしました。レベッカはその隣に座りました。不安そうです。間もなく、マークとその営業チームがアマンダと一緒に到着しました。

アマンダがミーティングを始めました。

「みなさん、ようこそいらっしゃいました。最新のソフトウェアを待ち望んでおられることでしょう。イテレーション4のゴールは、書籍検索の改善でした。ラジ、今回のストーリーを見せてくれる？」

ラジが、ユーザーストーリーの書かれたイテレーション4のWikiページを開きました。レコメンデーションエンジンのスパイクだけ［待ち状態］ですが、その他すべてのストーリーに［完成］と書かれています。

「我々がやったことを簡単にご説明しましょうか？」と、ジョーが聞くと、アマンダがうなずきました。

「今回、我々が注力したのは、顧客がお目当ての書籍を簡単に見つけられるようにすることです。ISBNとカルーセルを使った書籍検索を実装しました。これでジャンルごとに書籍を閲覧できます。レコメンデーションエンジンの実装方法についても調査しましたが、こちらはRXチームの新しいインターフェイスを待っている状態です。これから私がダミアンと一緒に取り組んだISBN検索の機能をお見せします。その後、レベッカがカルーセル表示の機能について説明します」

ジョーはブラウザーを起動して、サーバーのURLを入力し、ホームページを開きました。ISBN番号を入力すると、書籍ページが読み込まれました。

マークが難色を示しました。

「金額は表示されているが、［カートに入れる］ボタンが見えないね」

アマンダが割り込みました。

「それは今回のイテレーションのスコープ外です。次のイテレーションで入れる予定になっています」

「他に質問はありませんか？」と、ジョーが聞きました。

そして、「次はレベッカの番です」と言い、キーボードをレベッカに渡しました。

レベッカはジャンルメニューから「旅行」を選びました。すると、書籍のカルーセルが開

きました。レベッカはカルーセルをフリックしました。

マークが質問しました。

「これは新しいChromeでも動くの？」

レベッカはラリーに「Chromeでテストしました？」と聞きました。

「はい、ちゃんと動きましたよ」

マークはうれしそうです。そして、新しい携帯を取り出し「これでも動く？」と聞きました。

ダミアンは上を見上げて、こう答えました。

「モバイル版のストーリーは、次の計画セッションで話し合う予定です」

「それでは……」と、アマンダがテーブルを見渡しながら言いました。

「今見せてもらったストーリーはどちらも完成でいいですね。レコメンデーションエンジンのスパイクをカウントしていないので、チームのベロシティは11になります」

ラジはキーボードを手に取り、イテレーション4のWikiページにベロシティ「11」と入力しました。

　ミーティング終了後、デモで提案された改善点をチームが新しいユーザーストーリーにしました。まだ見積もる必要はありません。イテレーション計画で見積もればいいのです。

　デモが成功したら、チームでお祝いしましょう。チームがそういうのに慣れていなければ、あなたが仕切りましょう。ドーナツを買ってきたり、就業後にみんなで飲みに行ったりしましょう。

　最後に、デモがうまくいかなければ、ふりかえりでうまくいかなかったことについて話し合いましょう。

12.3　ソフトウェアのリリース

　反復的なリリース計画について書かれた書籍は数多くありますが、アジャイルチームが実際にどうやってソフトウェアをリリースしているかについて書かれたものは少ないです。イテレーションが終了したからといって、すぐにリリースしなければいけないというものではありません。ソフトウェアがリリース可能かどうかについては、別途意思決定する必要があります。チームは顧客と一緒に、以下の項目を確認する必要があります。

- ソフトウェアを十分にテストしたか？
- 致命的なバグが存在しないか？
- ユーザーに適したリリース時期はあるか？
- （リリースノートなどの）関連ドキュメントはできているか？
- リリースをサポートするメンバーを選出する必要があるか？

                                                                12.4　苦難　175

● 問題が発生したときに、リリースをロールバックできるか？

　ソフトウェアのリリースに人間の手が必要になることもあるでしょう。ですが、
それがミスの原因になる可能性もあります。デプロイプロセスはできるだけ自動化
してもらいましょう。他のチームが管理するサーバーにプッシュしている場合は、
その環境が「デプロイに適している」かを確認するために、**デプロイテスト**を用意す
ることを検討しましょう*1。デプロイテストでは、ライブラリ、ディレクトリパス、
データベースアクセスなど、ソフトウェアの実行に必要な事前条件を**デプロイ前に**
チェックします。こうしたテストがあれば、リリース後に遭遇した問題がソフトウェ
アではなく、環境によるものだということが判別できます。

12.4　苦難

　あなたがこれから遭遇する可能性のある苦難を紹介します。

デモでソフトウェアが動かない

　デモが計画どおりにいかないと気まずいものです。おそらく準備不足が原因でしょ
う。デモの前に、ミーティングルームでソフトウェアは動作するか、ミーティング
ルームのコンピューターに必要なハードウェアとソフトウェアがそろっているかを
確認しましょう。

　デモの直前に最終調整をしていることが原因なら、最新のビルドではなく、リリー
ス候補のラベルのついたビルドをデモしてもらいましょう。

完成したストーリーがない

　デモを予定しているのに完成したストーリーがない場合は、デモの中止を検討す
る必要があります。中止を気軽に決定してはいけません。イテレーションの終了時
に動くソフトウェアを届けることは重要ではない、というシグナルがチームやステー
クホルダーに伝わってしまうからです。

　状況をありのままに伝え、プロダクトをそのまま見せることをチームに勧めましょ
う。ただし、重要なステークホルダーの時間がムダにならないように、あらかじめ
知らせておいたほうがいいかもしれません。ステークホルダーのがっかりした目を
見れば、次回はもっとうまくやろうという原動力になるでしょう。また、終わって
いなくても有益なフィードバックがもらえる可能性があることは、チームに知らせ
ておきましょう。

　終わらなかった理由については、イテレーションのふりかえりで議論すべきです。

---

*1　http://www.oxyware.com/AgileDeployment.pdf

176　第12章　結果をデモする

多くのストーリーを進行中にするのではなく、ストーリーを小さくスライスして、少なくてもいいから「完成」のストーリーができるようにチームを支援しましょう。

　何も終わっていないと、チームとしても問題です。ベロシティがゼロになるからです。「完成」の定義を満たしていないソフトウェアをデモすると、それはすでに終わっており、新しいストーリーに着手できるという印象を与えてしまいます。まだやるべきことが残されていることを顧客に理解してもらいましょう。スケジュールが大幅に遅れていたら、リリース計画を変更して、リリース日に与える影響を明らかにすることを提案しましょう。正式なテストができていない状態ならば、ミニウォーターフォールに陥っており、テスターが追いついていない可能性があります。

　ソフトウェアはほとんど動くが、まだ修正されていないバグが残っている場合は、何をデモすべきでしょうか。まずは、バグレポートをレビューしましょう。それは深刻な問題でしょうか？ それとも不具合が発見されたことのリマインダーでしょうか？ テスターも含めてチーム全体でチェックして、未解決のバグのあるストーリーのデモをすべきかどうかを確認しましょう。バグのあるストーリーをデモする場合は、今後もバグを修正する必要がないと受け止められるリスクがあります。イテレーションでは、テスターからのフィードバックを開発者が無視していないかに注意しましょう。無視しているようなら、ふりかえりで話し合いが必要です。

他のチームのソフトウェアに依存している

　チームが構築しているのが大きなプロダクトの一部であり、他のチームと一緒に働いているのであれば、共同でデモを開くといいかもしれません。そうすれば、プロダクト全体を見てもらうことができます。それができない場合は、スタブを用意してからデモしましょう。

ユーザーインターフェイスがない

　ユーザーインターフェイスがないと、顧客がデモに興味を持ちません。その場合は、デモが成立するように、データ処理の様子をビジュアライズしてもらうといいでしょう。最終的には、成果の捉え方を考え直す必要があるかもしれません。つまり、コンポーネントベースの開発ではなく、フロントエンドからバックエンドまでの機能をすべて開発するのです。

12.5　チェックリスト

- ユーザーストーリーのデモができるように、チームと一緒に計画に参加しましょう。
- チームと顧客にデモに参加してもらいましょう。デモに関係のあるステークホルダーを顧客に招待してもらいましょう。アジャイルがはじめてのステー

クホルダーのために、これからデモするものは最終的なプロダクトではないことを簡単に説明しましょう。

- イテレーションの最終日に、デモできるものとできないものを評価してもらいましょう。デモの準備に必要なことを網羅したタイムテーブルを貼り出すことをチームに提案しましょう。チームそれぞれのストーリーをデモする担当者を決めましょう。通常、これはデイリースタンドアップで合意します。
- 技術的な問題でデモが台無しにならないようにチームを支援しましょう。事前に部屋の準備をして、ネットワーク接続をチェックすることをチームに勧めましょう。デモがうまくいくように、リハーサルをしておくといいでしょう。
- ミーティングでは、ステークホルダーの反応とフィードバックを記録しましょう。ミーティングが終わる前に、フィードバックのポイントを全員でレビューしましょう。フィードバックから新しいユーザーストーリーを作り、次のイテレーション計画に持っていきましょう。
- イテレーションデモでは、動くソフトウェアのデモをするだけでなく、最終的なベロシティを計算するために、「完成」の定義を満たしているストーリーをチームと顧客が合意しましょう。
- デプロイとデプロイテストを自動化してもらいましょう。そうすれば、ソフトウェアのリリースがエラーなしでうまくいきます。
- デモのあとに成功のお祝いをしましょう。デモがうまくいかなければ、ふりかえりで話し合いましょう。次はうまくいくように、チームと改善に取り組みましょう。

定期的なふりかえりで改善せよ。
——指導原則

第 **13** 章

ふりかえりで変化を推進する

Driving Change with Retrospectives

　ヘンリック・クニベルグは『塹壕より Scrum と XP』[Kni07]のなかで「振り返りを
しなければ、あなたはチームが同じ間違いを何度も何度も繰り返す光景を見る羽目
になるだろう」と述べています。ビル・マーレイの主演映画『恋はデジャブ』のよう
に、何が起きたのかを理解して、自らの歩むべき道を変える時間を作らなければ、
チームは苦難のサイクルを抜け出すことはできません。

　ふりかえり（レトロスペクティブ）は、直面している問題に真っ向から挑戦するこ
とをチームメンバーに促します。あなたはコーチとして、チームがふりかえりの方
法を学び、現在のプロセスで苦痛を感じる場所を特定し、自分たちで軽減する方法
を身につけられるように支援しましょう。

　ふりかえりに挑戦したのに、諦めてしまったアジャイルチームをよく見かけます。
ふりかえりをしても何も変わらなかったため、時間のムダだと思っているようです。
こうした状況は、ふりかえりの実施方法をよく知らないことが原因でしょう。本章
では、ふりかえりの設計方法を説明し、ふりかえりを成功させる技術を共有します。

13.1　ふりかえりをファシリテートする

　ふりかえりをファシリテートするには練習が必要です。そうすれば、基本的な構
造が明らかになり、学習や改善に向けて会話を集中できます。

　イテレーションのふりかえりは、チームが以下のことを探索できるものでなくて
はいけません。

- 前回のイテレーションから得られた気づきは何か？
- どの領域の改善に注力したいか？
- 次回のイテレーションで取り組みたいアイデアは何か？

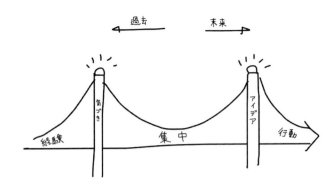

▲ 図13.1　ふりかえりはイテレーションの架け橋

　ふりかえりは過去のイテレーションと今後のイテレーションの架け橋です（図13.1参照）。過去のイテレーションで何がなぜ起きたのかを明らかにしてから、今後のイテレーションで改善するアイデアとそれを実行するアクションプランを策定します。

　ふりかえりはソフトウェアを作り出すことに直結しないため、チームは「本当の」仕事に戻れというプレッシャーを受ける可能性があります。ですが、これらのステップ（特にアクションプランの部分）を省略すると、ふりかえりはうまくいきません。

時間がかかる

by レイチェル

　1年以上続いているチームに参加したことがあります。そのチームは、まだふりかえりを経験していませんでした。課題は山積みでしたが、XPプロセスに新風を吹き込むようなミーティングは開かれていませんでした。ようやくはじめてのふりかえりの開催にこぎつけると、解消すべき問題が書かれたインデックスカードで役員室のテーブルがいっぱいに！　課題が明らかになったのは素晴らしいことですが、今度はやるべきことが山積みになりました。

　ひとつのイテレーションだけでは対応できないほど課題があったので、アジャイルの計画技法を使うことにしました。課題を分類し、優先順位をつけ、解決すべき課題を特定しました。デプロイと顧客サポートの優先順位が高かったので、まずはそれらに着手することにしました。ふりかえりで進捗を確認しながら、少しずつ課題が解決されるまで（あるいは課題が消え去るまで）、取り組みを続けました。

　この経験から、ふりかえりによるプロセスの改善は反復的であり、時間のかかるものだということを教えられました。ふりかえりが魔法のように課題を解決してくれると期待すべきではありません。

ふりかえりの臭い

ふりかえりがうまくいかないことを示す「臭い」をいくつか紹介します。

アイデア自慢大会
　　前回のイテレーションで起きたことを**話し合わずに**、アイデアだけを出すというものです。課題を軽視しているため、うまくいくはずがありません。出てきたアクションは課題解決につながらず、単にカッコよければいいだけで、うまくいかないことを解消するものではない可能性があります。

歴史の授業
　　「何がうまくいったのか」と「何を改善すべきだったか」を調べるだけの遺跡の発掘調査のようなふりかえりです。つまり、具体的なアクションがないのです。何が起きているのかをチームが少しずつ理解していくので、コミュニケーションは改善されるでしょう。ですが、改善方法についての話し合いがないので、次のイテレーション計画で取り上げることもなく、変化は個人任せになります。

世界を変える
　　チームが次のイテレーションで実現できないような野望を掲げると、期待はずれの結果になります。具体的なアクションは何も実現されず、ふりかえりをするたびに野望が追加されていくからです。

希望的観測
　　議論されたアクションが、担当者のいないあいまいなものになっていることがあります。たとえば「コミュニケーションを改善する」「もっとリファクタリングする」などです。これらはアクションではなく、取り組むべき課題です。もっとチームで話し合いをしなければ、見せかけのアクションを実現する方法はわからないままでしょう。

改善する時間がない
　　イテレーションデモの5〜10分後に軽く状況を話し合い、それをふりかえりとしているチームがありますが、これでは意味がありません。改善のアイデアがあっても、チームの協力を得られる場が開かれることはなく、個人でどうにかするしかありません。

くだらない話
　　ふりかえりで状況の改善をしようとせずに、不平不満ばかり言っているチームがあります。これにはカタルシスがあり、チームの緊張感も解きほぐれるかもしれませんが、すぐに責任のなすりつけ合いになるでしょう。ふりかえりは改善を生み出すところです。チームが**できる**ことについて話し合わなければ、改善は実現できないでしょう。

著書『Project Retrospectives』[Ker01]のなかでノーム・カースは、**物語を取り出し**、それから**黄金を採掘する**ことを推奨しています。黄金とは、これまでに起きた

ことをふりかえり、そこから学んだことを指しています。

物語を取り出す

　変化を持続させるには、チームの合意が必要です。前回のイテレーションから学んだことをレビューするところからふりかえりを始めて、改善をサポートしていきましょう。つまり、物語を取り出すのです。

　チームメンバーはそれぞれ異なる経験をしています。実際に起きたことを理解するために、個人の物語を共有して統合する必要があります。誰にも聞いてもらえないと、参加意識が欠けてしまうので、この部分は急がずにやりましょう。十分に時間を作り、全員の話に耳を傾けましょう。

　私たちの好みのやり方は、図13.2のように付箋紙でタイムラインを作るというものです。チームでピースをつなぎ合わせ、出来事の全体像を完成させるのです。これにより、自分たちのアクションが、同時に行われていた別のアクションから影響を受けていることを知るでしょう。タイムラインに出来事を追加していると、他の出来事のことも思い出し、不足分を追加することになります。ただし、タイムラインは一時的な作成物です。ミーティング終了後に保管する必要はありません。

▲ 図13.2　付箋紙で作られたタイムラインの例

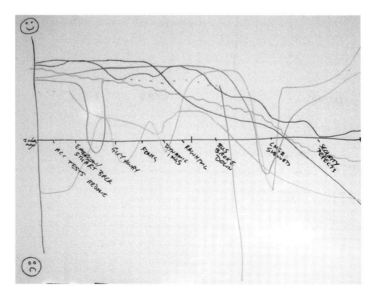

▲ 図13.3　ホワイトボードに描かれた感情セイスモグラフ

　こうしていると、出来事に対するチームの感情も表現したくなるかもしれません。そのための方法をいくつか紹介します。

カラータイムライン
　　タイムラインにさまざまな感情を表現するために、異なる色の付箋紙を使います。たとえば、楽しかった出来事には緑、ストレスに感じた出来事にはピンク、中間の出来事には黄色の付箋紙を使います。色の意味がわかるように、横に凡例を貼っておきましょう。使い始める前に、チームの全員が色を判別できることを確認してください。

感情セイスモグラフ
　　図13.3のように、イテレーションの雰囲気を反映した線をチームに描いてもらいます。これにより、ある時点の全員の感情が見えます。また、チームが活気にあふれていたり、落胆していたりする時期のパターンがつかめます。

アートギャラリー
　　プロジェクトに対する感情を絵に描いてもらい、ミーティングルームの壁に貼りましょう。そして、絵を描いた本人に説明してもらいましょう[*1]。

[*1] パトリック・クアは、これとよく似た「ミスターなぐりがき」という素晴らしい手法を使っています（http://www.thekua.com/atwork/2008/04/retrospective-exercise-mr-squiggle/参照）。

絵を描くのは奇妙に思えるでしょうが、これは真剣な話題を取り上げるときにも使えます。言葉で表現することが難しいものについては、誰もがメタファを見つけることが得意なのです。たとえば、箱に入った棒人間を描いたチームメンバーがいました。これは何かと質問したところ、ひとりで作業する時間が長すぎて、チームの一員だと感じられなかったと他のメンバーに説明していました。

黄金を採掘する

前回のイテレーションの経験から得られた気づきを描く必要があります。まずは、タイムラインを調査して、どこを深掘りするかを決めましょう。議論するところを見つけるために、タイムラインを歩きながら付箋紙を読み上げましょう。内容がよくわからなければ、チームに説明してもらいましょう。ただし、付箋紙を書いた人に説明を強制しないように注意しましょう。できるだけ根本原因まで深掘りしましょう。イテレーションのタスクがうまくいっていたら、うまくいった要因は何だったのでしょうか？「テスト環境が壊れた」「顧客が忙しすぎる」のような一般的な記述が見られたら、問題の具体的な例をあげてもらいましょう。そうすれば、チームが要点を理解できます。

チームの感情を付箋紙で表すと、重要な出来事に同じ色の付箋紙が集まっているパターンが見られるでしょう。**感情セイスモグラフ**の起伏も同じです。役割によってイテレーションの体験が異なることを示しています。たとえば、イテレーションの終盤にかけて、開発者の線が上昇するのは、すべての作業が完了するからです。ですが、テスターの線は下降していくかもしれません。イテレーションの最終日にテスト作業が山積みになるからです。チームには、こうした線の多様性に注目してもらい、実際に起きたことを議論するきっかけにしてもらいましょう。

レイチェルの言葉
部屋にいる象を紹介しましょう

ランディ・パウシェ教授の「最後の授業」[*2]は、「父は僕にいつも、部屋に象がいたら、まず象を紹介しなさいと言いました」という言葉から始まるわ。そして、余命がわずか数か月であることを告げ、こう続けるの。「配られたカードを変えることはできない。変えられるのは、そのカードでどのようにプレーするかだけだ」[*3]。

ふりかえりでチームが課題を回避しているように感じられたら、話題に取り上げるのを

---

*2 http://www.cmu.edu/randyslecture/

*3 訳注：『最後の授業』(SBクリエイティブ) から引用。

恐れないで。そのことについて話し合う機会を作るのよ。ただし、チームに話し合いの準備ができていないようなら、後回しにして。

タイムラインを歩いたあとは、チームが集中すべき重要なトピックを選択する必要があります。**ドット投票**を使い、上位2〜3件に絞りましょう。各チームメンバーが3つの投票権を持ち、話し合いたいトピックの横にドットを描きます。ドットは分散させてもいいですし、重要だと思うなら集中させても構いません。全員が投票し終わったら集計して、アクションプランに進みましょう。

チームが集中したいトピックを抽出できたら、次のイテレーションで実現したいプロセスの改善に目を向けます。

将来に目を向ける

ふりかえりの後半は、次のイテレーションに目を向けます。チームがプロセスの変化に取り組むときです。変化が必要だという合意だけでは不十分でしょう。変化を実現するためのアクションをチームが実施しなければいけません。そして、そのアクションを完了させる必要があります！

新しいアクションを作る前に、前回のふりかえりから行ったアクションをレビューしましょう。アクションが完了していなければ、その理由を理解する必要があります。主な理由は、アクションが「きちんと定義されていない」か「担当者が明確ではない」からでしょう。「チームに時間がない」というのもよくある理由です。

ふりかえりでは、チーム全員にわかりやすい現実的なアクションプランに取り組む時間を作りましょう。アクションを完了させるには、そのための時間が必要です。アクションを決定する前に、次のイテレーションでプロセスの改善に使える時間を見積もりましょう。

ベイビーステップで前進する

どうすれば達成可能な新しいアクションにたどり着けるのでしょうか？ 課題や熱望するゴールを特定できたら、チームに「そのためのベイビーステップは何？」と質問するといいでしょう。アクションのステップは小さいほうが、チームは達成しやすくなります。アクションのステップが明確になったら、着手する前に必要なことを確認しましょう。他にもやることがあれば、それもアクションにする必要があります。

アクションシューズ

エドワード・デ・ボノの『Six Action Shoes』[Bon93] という一風変わった本があります。私たちはこの本が大好きです。アクションをシューズになぞらえながら、さまざまな種類があることを明らかにしているからです。

- **オレンジのゴム長靴**：緊急事態を早期解決する迅速な修正
- **茶色のブローグ**：実践的なアクション
- **グレーのスニーカー**：問題に関するデータの収集
- **ネイビーのフォーマルシューズ**：標準プロセスに準拠する必要のあるアクション
- **紫のブーツ**：権限が必要なアクション
- **ピンクのフワフワのスリッパ**：人の感情に配慮すべき状況

アクションは必ずしも問題を解決するものばかりではありません（コラム「アクションシューズ」にさまざまなアクションのアイデアがあります）。問題は解決する前に理解する必要があります。したがって、問題の探索とデータの収集のアクションから着手する必要があるでしょう。たとえば、中断によってチームの時間が失われていることを心配しているなら、中断の頻度と発生源を調べるところから始めましょう。あるいは、ビルドが遅ければ、その原因を特定できるように、タイムスタンプを出力するようにコードに変更するアクションを作るといいでしょう。すでにデータがあれば、問題に対応できるアクションに取り組むことができます。問題を解決できるかどうかを確認するアクションも必要かもしれません。また、うまくいくソリューションが見つかったら、それを他のチームに教えたり、教訓を共有したりするアクションを作ることになるでしょう。

うまくいくアクションを作るには、**何を**する必要があるかを特定するだけは不十分です。**どのように**変化を実現するかについてもチームで合意しなければいけません。レイチェルは、アクションプランの策定に特別なテクニックを使うバス・ボッデと一緒に、ふりかえりのファシリテーションを何度か行ったことがあります*4。このテクニックは、マネージャーがアクションを決めることに慣れているため、ふりかえりに対して受け身なチームに特に効果的です。

以下が基本的なプロセスです。

1. まず、チームメンバーにひとりずつ「チームにやってもらいたいアクション」

---

*4　バス・ボッデの「Plan of Action」という記事を読んでください（https://www.scrumalliance.org/community/articles/2007/august/plan-of-action）。

のリストを書いてもらう。

2. 次に、ペアになってもらい、それぞれのリストを統合してもらう。
3. それから、ペアのペアになってもらい、それぞれのリストを統合してもらう。
4. 最後に、全員で洗練させたチームのアクションリストを作ってもらう。

チーム全体で満足できるアクションリストができたら、ミーティングを終わりましょう。次のイテレーションを計画するときに、アクションを検討する必要があることを忘れないでください。次のイテレーションで忘れられないように、アクションはチームボードに貼っておきましょう。

去る者は日々に疎し

by レイチェル

　チームのふりかえりのファシリテーションをしていたときに、これまでのアクションリストを見せてほしいとチームに要求しました。チームリーダーは部屋を出て、自分の机の引き出しに取りに行きました。言うまでもありませんが、着手されたアクションはひとつもありませんでした。アクションをチームボードに貼っているチームは、アクションをすべて完了できる可能性が高いのです！

13.2　ふりかえりを設計する

　効果的なミーティングを運営するガイドライン（「3.4　ミーティングのファシリテーション」参照）は、ふりかえりにも適用できます。部屋の予約やペンや付箋紙を忘れずに持参するなど、基本的な準備も必要になります。ですが、最も難しい部分は、アジェンダの作成です。

　チームを支援するために、さまざまなアクティビティを提案できるでしょう。

- 気づきを明らかにする
- プロセスの改善に集中することに合意する
- 創造的な問題解決を可能にする

　イテレーションの期間、チームメンバーの人数、リモートチームメンバーを含めるかどうかなどをベースにして、ふりかえりに必要な時間を決めましょう。新しいチームの場合は、少しだけ時間がかかります。たとえば、イテレーションが2週間ならば、チームメンバー（ふりかえりに参加する人）は最大10人で、時間は90分まで許容することを推奨します。もちろん、時間いっぱい使う必要はなく、早く終わっても構いません！

　以下は、時間割のサンプルです。

- ミーティングのゴールをレビューして、チームにグラウンドルールを思い出してもらう（5分）
- タイムラインを作成する（15分）
- タイムラインを深掘りして、気づきを見つける（15分）
- 集中するトピックを選択する（10分）
- 前回のアクションの進捗をレビューする（5分）
- 改善のアイデアを出す（15分）
- アクションプランを策定する（15分）

　まずは、このフォーマットから始めるといいでしょう。ですが、何度も同じフォーマットを使っているとチームが飽きてしまいますので、適宜フォーマットを変えるようにしましょう。エスター・ダービーとダイアナ・ラーセンは『アジャイルレトロスペクティブズ』[DL06]のなかで、さまざまな代替案を提示しています。

最優先指令

　他のミーティングと同様に、基本的なグラウンドルールが必要です。たとえば、「ノートパソコンを開かない」「電話をマナーモードにする」「交代で口を開く」などです。ですが、すべてのふりかえりの土台となる特別なルールがひとつだけあります。それは、**最優先指令**です（『Project Retrospectives』[Ker01]から引用）。

> 　これから何を発見しようとも、その時点で知っていたこと、自分たちのスキルと能力、利用可能なリソース、目の前の状況を踏まえて、全員が可能な限り最高の仕事を成し遂げたことを我々は理解しており、心の底から信じている。

　ベストプラクティスを調査することよりも、失敗した状況を探索することから学びは得られます。最優先指令をグラウンドルールとして設定して、うまくいかなかったことを安心して探索できるようにしましょう。グラウンドルールを設定すれば、アクションが発生した状況に目を向けることができ、その状況にいる人たちを非難せずに済みます。

> うまくいかなかったことを安心して探索できるようにしましょう。

　ちょっと楽観的すぎる！　だけど、失敗や過ちは必ず起きるものでしょう？　最優先指令は個人が原因となる問題を否定しているように思えますが、ふりかえりは個人のパフォーマンスの問題について話し合う場所ではない、と明確に示しているものだと考えましょう。最優先指令に従えば、チームワークにダメージを与えかねない非難や批判を会話から排除できます。ふりかえりはチームのプロセス改善にフォー

カスすべきです。個人のパフォーマンスの話題になったら、チームのアクションの話題に戻しましょう。

最優先指令は、**根本的な帰属の誤り**にも有効です。これは、人間は他人のアクションは意図的な選択であると考え、状況的要因を軽視する傾向にあるというものです。たとえば、開発者はテスターがメールのCCにQAマネージャーを追加していることを「チームをトラブルに陥れる気だ」と思い文句を言いますが、他にも要因がある可能性を考慮しようとしません。実際には、テスターはマネージャーからCCに追加するように指示を受けており、いつものようにそうしただけで、悪意があったわけではないのです。

また、人間は過去の自分のアクションと整合性を持たせようとします。最優先指令によって、これまでのアクションや意思決定は、そのとき（およびその状況）においては適切だったと考えることができれば、次回はまったく違ったことをするという議論が可能になります。つまり、行動が違っても状況が違っていれば、整合性は維持されるのです。

はじめてふりかえりを実施するときは、最優先指令を壁に貼り、チームに説明するといいでしょう。会話が険悪な感じになってきたら、個人の非難ではなく状況的要因について考えることをチームに思い出してもらいましょう。

13.3 大規模なふりかえり

イテレーションのふりかえりはチームに影響する身近な問題を扱うものですが、チームのふりかえりだけでは解決できないチーム外の課題も存在します。そのような場合は、もっと広い範囲を対象にしたふりかえりを実施する必要があります。こうした大規模なふりかえりでは、これまでのイテレーションをより多くの人数でふりかえります。このミーティングには、営業、マーケティング、顧客サポート、運用サポート、システム管理など、チームに関わる人たちに参加してもらいます。メジャーリリースのあとに開催するといいでしょう。リリースのあとなので、**リリースレトロスペクティブ**と呼ばれることもあります。

大規模なふりかえりには、チームと日常的にやり取りをしていないマネジメントなどの人たちも参加します。したがって、自由に会話すればいいというわけにはいかないでしょう。そのため、ファシリテーションも難しくなります。大人数でのふりかえりを実施する前に、ほどよい人数でイテレーションのふりかえりをうまく実施できるように練習しましょう。大人数で多様なグループをリードすることが不安なら、外部のファシリテーターを招くといいでしょう。

チームのふりかえりで使うテクニックのほとんどは、大規模なふりかえりでも利用可能です。大きな違いは、課題について快適に議論できない人がいることです。したがって、**安全チェック**を含める必要があるかもしれません。これは、これまで

190　第13章　ふりかえりで変化を推進する

に発生した課題について議論することに対して、グループの快適さを確認する無記名の投票です。サブグループに分かれて議論して、またグループ全体に戻って議論すると生産的にできるでしょう。

ふりかえりの事前準備

　以下は、ふりかえりで議論したい課題を収集するために、事前に参加者に送付している調査票のサンプルです。

　　ふりかえりの構成を作るために、以下の質問にお答えいただければ幸いです。

　　・あなたが議論したい話題の上位3つは何ですか？
　　・これまでをふりかえって、最も印象に残っているところはありますか？
　　・まだよく理解できていない出来事はありますか？
　　・このふりかえりについて、言っていないことや心配事はありますか？
　　・このふりかえりにどのような効果を期待しますか？

　　回答いただいた内容は極秘に扱います。
　　全員のコメントを読み、共通のテーマを特定しますが、
　　個々の回答をグループに共有することはありません。

　もうひとつの違いは、ふりかえる期間が長いことでしょう。数か月以上ふりかえる場合は、事前準備が必要になります。チームに何が起きたかを思い出してもらえるような工夫が必要でしょう。どのストーリーの作業をしたのかを思い出せるものや、プロジェクトの重要な作成物（リリースバーンダウンチャートやWikiページなど）のコピーをふりかえりに持ち込みましょう。大人数のときは、取り上げたい課題を事前にメールで質問しておくと便利です（コラム「ふりかえりの事前準備」参照）。

13.4　苦難

　あなたがこれから遭遇する可能性のある苦難を紹介します。

同じアクションが出てくる

　同じアクションが何度も出てくることがよくあります。ひとつのイテレーションで実現可能なタスクに分解できていないことが原因です。長期的なゴールを設定して、ゴールに向かう短期的なステップを作るといいでしょう。たとえば、継続的インテグレーションがゴールであれば、「ツールをインストールする」「ツールを設定

する」「テストスイートを準備する」が個別のアクションになります。

　小さなアクションすら達成できない場合は、その理由をチームで話し合う必要があります。すべてのイテレーションには、アクションを実行するキャパシティが必要です。それがなければ、ふりかえりを実施する意味がありません！

無言のチームメンバーがいる

　グループで安心して話すことができず、黙ってしまうチームメンバーがいるかもしれません。プログラマーには内向的な人が多いです。彼らからもインプットが得られるように、ふりかえりには何かを記述するアクティビティを含めるように計画しましょう。ラウンドロビン方式で順番にチームメンバーの意見を聞いていく方法もありますが、「パス」してもいいことを明確に示すようにしましょう。

チームが常に不満を言っている

　ふりかえりが不満の言い合いになることがあります。建設的な話し合いよりも不満にフォーカスしすぎているのです。おそらくそれは、チームでは対処できない課題だと思っているからでしょう。たとえば、「サーバーが利用不能」といったチームに影響のあるインシデントに対して不満を言っているようなら、そのインシデントの内容について話し合ってもらいましょう。そうすれば、チームの空気は変わります。「また同じようなことが起きたら、次はどのように対応すべきですか？」と質問するといいでしょう。チームは学習モードに戻るはずです。仕事に取り掛かる前に、調査すべきことが他にもあるかもしれません。あるいは、失っている時間を追跡して、マネジメントに警告することもできるでしょう。

中立の立場を守る

　チームと一緒に働いていると、これまでの出来事に対する印象を共有したり、アクションのブレストに参加したりしたくなるかもしれません。ですが、あなたがミーティングを運営していると、これは難しくなります。「一方に肩入れしている」「選り好みしている」「ファシリテーターの立場を利用して、自分の好きな話題に時間を使おうとしている」と見られないように注意しましょう。他のアジャイルチームと仕事をしているなら、ふりかえりのファシリテーターを交代してみましょう。こうすれば、あなたもふりかえりの参加者になることができます。あるいは、チームのなかでファシリテーターの役割を交代するのもいいでしょう。

13.5　チェックリスト

- ふりかえりは、何がなぜ起きたのかを理解するために、過去をふりかえるところから始めます。詳しい話を語ってもらうために、チームには十分な時間

を与えましょう。

- ふりかえりの後半は、今後の展望とアクションプランの策定に使いましょう。
- ふりかえりの効果を下げる「臭い」に注意しましょう。ふりかえりがプロセスの改善につながらなければ、どうすればよくなるかを考えましょう。
- チームが最も解決したい問題を見つけましょう。ドット投票を使って、チームが積極的に取り組めることに集中しましょう。
- 次のふりかえりまでに達成できないようなアクションにコミットしてはいけません。イテレーションごとに2〜3個のアクションを達成していけば、それだけでも数か月にわたって大きな影響を及ぼすことができます。
- 前回のふりかえりのアクションが達成できていなければ、新しいアクションを追加する前に、その理由を見つけましょう。

自分自身に投資せよ。
——指導原則

第 **14** 章

あなたの成長
Growing You

　これまではあなたがチームのためにできることについて話してきましたが、これからはあなた自身について話すことにしましょう。人間として成長し、アイデアをフレッシュに保つには、あなた自身と学習に投資することが不可欠です。また、日々のアジャイルコーチに対する要求に対応できるように、自分の身は自分で守らなければいけません。

　コーチは絶えず変化をリードします。つまり、自分自身を変えることに抵抗感を持たないことが重要です。自分のパフォーマンスや経験をふりかえる時間を作り、同じ過ちを繰り返さないように、そこから学習しましょう。新しいアイデアに身を委ねましょう。成熟や成長につながる方法を見つけましょう。

14.1　知っていることを増やす方法

　書籍、記事、雑誌、ウェブサイトなどを読むことで学習できます。ポッドキャストを聞いたり、人と会話したり、実際にやった経験から学習したりすることもできます。参加可能なオンラインディスカッション、ニュースグループ、オンラインセミナーなども数多く存在します。

　どうすれば最も学習効果を高められるかを見つけ、そのための時間を確保しましょう。これから始めるためのアイデアをいくつか紹介します。

- 1か月に1冊は技術書を集中して読む。
- ブログを始める。
- オープンソースプロジェクトにコントリビュートする。
- コミュニティのメーリングリストに1日1通は投稿する。
- 通勤中にポッドキャストを聞く。
- 月に1回は就業後に興味のあるグループに参加する。

ひとつのテーマを深く調査したり、そのテーマについて複数の書籍を読んだりしたいと思うこともあるでしょう。あるいは、知識の幅を広げるために、1週間という限られた期間で複数のテーマに取り組みたいこともあるでしょう。わずか1時間でも学習できるのです。そして、その学習量に驚くはずです。

 さまざまな種類の事柄に触れていると、それだけ多くのことを学習できます。チームのパフォーマンスを改善するというのは、ソフトウェア開発に限ったものではありません。他の業種が同様の問題にどのように対応しているかを学び、引き出しを増やしていきましょう。コーチング、マネジメント、心理学など、さまざまな分野に幅広く目を通しましょう。

 レイチェルの言葉
何を読んだか覚えておいて

 私は技術書をたくさん読むのよ。そして、重要なところは覚えておきたいの。そのためのお役立ち技をいくつか教えておくわね。

 リンダ・ライジングが教えてくれたのは、最後のページにカードを挟んでおいて、読み進めるごとに、気になるところや思いついたアイデアをページ番号と一緒に書いておくという方法よ。本を読み終えたら、学んだことの要点をまとめて書いておくの。あとで本を手にとってまとめのページを見れば、見たいところにすぐにたどり着けるわ。

 トニー・ブザンが『頭がよくなる本』[Buz03]で紹介した方法もあるわ。本を頭から読み始めて最後まで読み終えるのではなく、ジグソーパズルを解くように本を読んでいくの。ジグソーパズルを解くときは、ピースを調べ、似た形のものに分類し、角を探して、外枠を作るわよね。全体像を見失わないようにしながら、簡単なところから埋めていって、難しいところは後回しにするの。

 本を読む前に、そのテーマについて知っていることをマインドマップにするといいわ。本を読みながら答えを埋めていけるように、あなたのゴールと質問をはっきりさせておくのよ。読む手順はこう。

- **オーバービュー**：本文ではなく図表や用語集などの要素などを眺めて、アイデアの構成をつかむ。
- **プレビュー**：イントロダクションと各章のまとめだけを読み、本の要点を理解する。
- **インビュー**：理解を埋めるために本文を読む。難しいところは飛ばす。
- **レビュー**：あとどのぐらい残っているか調べる。

 読みながらマインドマップに足していってね。数か月とか数年後に本を読み返したときに、マインドマップを見れば何を学習したか思い出せるわよ。

学んだことを共有する

学んだことを他人と共有して、学習を強化しましょう。仕事場や興味のあるグループで、学んだことをプレゼンする機会を探しましょう。プレゼンの準備をすると、学習が強化されることがわかるはずです。人前で講演をすれば、学習したことに対して自信が持てます。

自分は専門家ではないので、観客から何か意見を聞かせてほしいと宣言するのもいいでしょう。プレゼン終了後は、観客からの質問に答えることで、学習はさらに強化されます。

トレーニングを受ける

コーチング、ファシリテーション、リーダーシップ、対人スキルに関しては、素晴らしいトレーニングコースが存在します。トレーニングコースであれば、安全な環境でロールプレイや新しいスキルの挑戦が可能です。つまり、失敗してもOKですし、誰かが気分を害することもありません。

また、コーチングやファシリテーションには認定制度もあります。たとえば、IAF（国際ファシリテーター協会）の認定プロフェッショナルファシリテーターなどがあります。認定を取得するには、そのテーマに関する深い知識が求められますし、自分がうまくやっているという自信につながります。

気楽に話す

by リズ

数年前、それは最悪の時期でした。仕事を辞めたのですが、気まずい辞め方をしてしまったのです。次の仕事を探すまでに時間がかかりました。何度も面接を受けました。仕事に対する自信は非常に低いものでした。自分より年上と話すことが苦手になっていました。

ふと、Toastmasters[1]に参加しようと思いました。毎週パブに出掛け、準備したスピーチを披露して、お互いに批評し合いました。

はじめてスピーチしたときは緊張しました。自分のことを話したほうがいいとアドバイスを受けたので、個人的な話をしました。スピーチはうまくいきました。ポジティブなフィードバックを数多くもらいました。そこから自信がついてきました。

それから2年間、定期的にToastmastersに参加しました。心の底から話せば、深く印象を与えられることを学びました。みんなから認めてもらうには、情熱を持って話す必要があることを学びました。建設的な批判をする方法、全員のスピーチのよい点と悪い点を見つける方法、そうした情報をうまく伝える方法についても学びました。

安全な環境で練習するには最高の場所でした。自信もつきました。人前で話すことも苦ではなくなり、カンファレンスの講演にも応募するようになりました。

みなさんにToastmastersを推薦します。話し方を向上させ、フィードバックの与え方

---

[1] http://www.toastmasters.org/

や受け止め方を学び、あなたの考えを他人に納得してもらう方法を身につけることは、貴重な教訓になるからです。それから、友人も作れますし、素晴らしい時間を過ごせます。

14.2　計画を立てる

自分の成長プランを作ることをお勧めします。あなたは仕事のどこが好きで、どこに興味を持っているのでしょうか。そのことを真剣に考えましょう。個人的なゴールと目標を設定して、あなたが選んだ成長の道を歩んでいきましょう。計画を実行するために使える時間やお金についても考える必要があるでしょう。

多くの人たちの開発の専門家としての態度に驚かされることがあります。読書やセミナーへの参加を促しても、「会社がお金を出してくれるならやります」と答える人が多いのです。こうした態度は改めましょう。ソフトウェア業界では、同じ仕事を一生続けることはめったにありません。あなたが準備をしなければ、上司や経営者は投資してくれません。自分のキャリアパスを台無しにしたいですか？ それとも、経験を積むことに自ら責任を持ち、望む場所へ行きたいですか？

度を越してはいけません。他の約束も心に留めておきましょう。計画は達成する必要があります。個人事業主であれば、書籍を購入したり、カンファレンスに参加したり、トレーニングを受講したりするための予算を確保しておきましょう。従業員であれば、自分の成長プランをラインマネージャーと共有しましょう。自分の時間やお金を投資する準備があることを示せば、真剣に考えていることが相手にも伝わるでしょう。そうすれば、マネージャーが予算を分配してくれるかもしれません。たとえ予算の支援が受けられなくても、後悔することはありません。学習はそれ自体が報酬なのですから。

14.3　自分のネットワークを築く

アジャイルやソフトウェアに関心のある人に出会えば、あなた自身の考え方を修正できます。誰かに不満を説明すると気晴らしになりますし、それによって物事を冷静に把握することもできます。他人はあなたとは違うアイデア、経験、視点を持っています。それらに触れることで、あなたの考え方が変わるかもしれません。

自分の会社に浸かっていると、木ばかり見て、森を見ることができません。他の人の意見を聞くと、視野が開けます。また、誰かの不満に耳を傾けたり、相手のためにアイデアを提案したりすることは、コーチングのいい練習になるのです。

アジャイルソフトウェアコミュニティだけに注目してはいけません。他の業界のコーチやファシリテーターにも目を向けましょう。スキルの向上につながるかもしれませんし、現在の仕事の役割の把握に役立つかもしれません。

カンファレンス

　アジャイルソフトウェア開発をテーマにしたカンファレンスは、大規模なものから小規模なものまで、数多く存在します。少なくとも1年間ほど参加し続ければ、新しいアイデアや気づきが手に入るでしょう。また、アジャイルコミュニティともつながりができるはずです。

　セッションから学ぶこともできますが、セッションとセッションの合間や懇親会で他の参加者と話をすることが、有益な気づきにつながると感じている人がほとんどです。参加者自身がアジェンダを作る「アンカンファレンス」＊2もあります。そこでは、自分が興味のあるテーマのセッションを提案できます。

　カンファレンスでワークショップや実践レポートを担当すれば、大きな経験になるでしょう。セッションの準備をするときに、選んだテーマについて学習できますし、それをみんなの前で提示すれば、あなたが興味のあることを教えてくれる人にも出会えます。講演者になれば、カンファレンスにも行きやすくなります。講演者は入場料が割引されたり、無料になったりすることも多いのです。

カンファレンスジャンキー

by レイチェル

　私は、カンファレンスに参加したり、専門家や実践者に直接会って最新のアイデアについて聞いたりするのが大好きです。カンファレンスをオーガナイズするのも好きだとわかりました。最初は、2001年のXPDayでした。昨年、トロントで開催したAgile 2008では、議長を務めました。セッション数は400、参加者数は1,600人でした。その経験を通じて、分散チームをリードすることの多くを学びました。

　あなたがイベントを開催する必要はありませんが、レビューアになるだけでも貴重な経験につながります。どのようなプログラムが選択されるかという意思決定を間近で見られます。今後の自分のセッションプロポーザルの改善にも役立つでしょう。

ユーザーグループ

　アイデアを共有し、サポートを得るためのもうひとつの方法は、地元のアジャイルグループに参加することです。こうしたグループは、どこかのパブやオフィスで、週1回あるいは月1回開催されています。講演者がプレゼンするところもあれば、もっとカジュアルなところもあります。

　ユーザーグループは世界中の主要都市に存在します＊3。地元なのですから、これから友人やメンターになる人物に出会えるでしょう。長期的に支援してくれる人物にも出会えるかもしれません。

＊2　http://agileopen.blogspot.jp/

＊3　https://www.agilealliance.org/communities/

メーリングリストやオンラインフォーラムに参加することもできます。Yahoo、Google、LinkedInには、活発なアジャイルグループが存在します。オンラインコミュニティに参加するだけでなく、そこで積極的に発言していけば、得られるものは大きいでしょう。会話を読むだけでも勉強になりますし、投稿された質問に答えれば、その問題について深く考えることができます。そうした質問の答え方が、あなたのコーチングの練習になるのです。

14.4　個人のふりかえり

これまでの経験をふりかえり、最近の経験と過去の経験のつながりを考え、そこから何かを学びましょう。うまくいったことがあれば、それは何をしたからですか？なぜそれがうまくいったのですか？ 再度やってもうまくいくと思いますか？ アクションが思うような効果をもたらさなかったのは、何が間違っていたのでしょうか？次回、似たような状況が起きたときにどのような対応をしますか？

記録をつける

毎日あるいは毎週、記録をつけてみてはどうでしょうか。これまでのパフォーマンスをふりかえり、これからも向上させていくためには有益な方法です。

私の履歴書

by リズ

　仕事が始まると、誰にも邪魔されずにひとりで30分間ほど記録をつけ、昨日の記録を読み返すのが好きです。オープンプランオフィスの中央にある机では、深く考えながら書くのは不可能だとわかりました。そこはプライベートな空間ではありませんし、私は記録をつけるときに空中を見つめながら何度もペンをかむ癖があるからです。

考えを書き出せば、そのときの状況とどのように感じたのかについて、自分で考えることができます。自分の行動を分析すれば、他にも方法があったのではないかと内

> 考えを書き出せば、感情を
> 明確にすることができます。

省できます。少なくとも3ページ以上は書くようにしましょう。明白な表面上の反応だけではないことを書くようにすれば、記録が強力になります。記録をつけることは簡単なことばかりではありません。感情を記すことが苦痛な場合もあります。正直に問題の原因を認識することがつらい場合もあります。

記録は定期的に読み返しましょう。これだけやったのかと驚くはずです。当時はわからなかったパターンが明確になることもあります。あとで考えてみると、当時の自分の反応や考えに驚くかもしれません。過去の自分に優しくなれるでしょう。

自分だけの責任ではなく、他にも要因があったことがわかるでしょう。

成功日誌

　記録のバリエーションとして、**成功日誌**があります。うまくいったことだけを書くというものです。自分を批判するのではなく、達成できたことに目を向けるのです。いずれ大きな効果をもたらすツールです。正しいことを数多く達成していることを認識でき、自信がつくからです。「フォーカスしたものが手に入る」のです。このことを心に留めましょう。成功は成功を呼びます。問題は問題を呼びます。

　これは、多くの状況に適用可能な**アプリシエイティブインクワイアリー（AI）**と呼ばれるアプローチの一部です。うまくいかないことを修正するのではなく、うまくいくことを中心に組織を作る、というのが基本的な考えです。たとえば、うまくいっていることだけを話し合うふりかえりを実施することもできるでしょう。

　「常にやってきたことをやれば、常に手に入れてきたことが手に入る」[4]というアドバイスも当てはまります。強みにフォーカスすること（それをさらに活用すること）と、他に強化するものを見つけることのバランスを取りましょう。成功している人たちは、自分の得意なことに時間を使っているものです。

コーチをつける

　誰かに話をすると問題が解決することがよくあります。相手のほうがアクションと状況のつながりを冷静に見えるからかもしれません。過去の失敗を考察させることに長けている相手なら、その人から学べる可能性は高まるでしょう。

　立場を変えて、コーチを**受ける側**を経験するといいでしょう。自分がコーチするときのヒントやテクニックを学ぶことができるだけでなく、コーチを受けるときの感じを学ぶことができます。うまくやれば、元気になりますし、活力がもらえます。ですが、うまくやらなければ、頭にきますし、反発を強めてしまいます。

　自分のコーチが職場で見つからなければ、地域のユーザーグループやカンファレンスで探しましょう。電話やメールでコーチしてくれる人が見つかったとしても、月に1回程度はランチなどで実際に会ったほうがいいでしょう。1か月で起きたこと、印象に残っていること、気になっているミス、学んだこと、これから学びたいことについて話し合いましょう。

　そして、次の月の少し高めのゴールを設定しましょう。1か月で達成できそうなSMART[5]なゴールが望ましいです。パーソナルトレーナーをつければ、自分だけでやるよりも上達します。腕のいいコーチならば、それと同じことが自分だけでや

---

[4]　アンソニー・ロビンスの言葉です。

[5]　SMARTとは、Specific（具体的）、Measurable（計測可能）、Achievable（達成可能）、Realistic（現実的）、Timely（時期がよい）の略です。

れるようになります。

安息する

　ふりかえりをする時間を作りましょう。現状を把握して未来を計画するには、散歩に出掛けるのが一番です。水泳、ウォーキング、ランニング、ヨガ、お風呂でも構いません。すべてふりかえりやリラックスに最適です。誰にも邪魔されずに、心を解き放つことが重要です。将来を夢見るのは、それを現実にするための重要なステップです。潜在意識を顕在意識にするには、考えるための時間が必要です。自分自身と話す時間が必要なのです。

　リラックスする時間が作れなければ、出来事の全体像や背景をつかむことはできません。ストレスがあると、あらゆるものが実際よりも大きくて、最悪で、重要だと思ってしまいます。

　冷静に物事を見る感覚をつかみましょう。そのストレスは何に対するものですか？　それは今から1年後も重要なことでしょうか？　重要ではないなら、今も悩むほど重要なことなのでしょうか？

　私たちは、イーディス・シーショアの言葉が好きです＊6。

　　　いつの日にか思い返して笑える日が来るでしょう。それなら今も笑いましょうよ。

14.5　慣れる

　アジャイルコーチになるには、鈍感にならなくてはいけません。たとえアドバイスを聞いてもらえなくても、取り乱すことはできません。すべての人が挑戦や成長を求めているわけではありません。なかにはあなたに怒りをぶつけてくる人もいるでしょう。

 リズの言葉
自分に優しく

　あるカンファレンスで、私は尊敬している人に愚痴っていたの。仕事であんなミスをしただの、こんなミスをしただの、チームのコーチをするのはどんなに難しいかだの。すると彼女は、ただ私を見て、こう言ったの。

＊6　ジェラルド・ワインバーグから教えてもらいました。

「あなたは他の人はミスをしないと思ってるの？」

「いえ、違うわ。誰だってミスをすると思う」

「それじゃあ、どうしてそんなに自分に厳しくするの？」

「それは……」

それに続く理由は山のように浮かんだわ。

（うまくやらなくてはいけないから。）

（明らかなミスをするのは恥ずかしいことだから。）

（もっとうまくやりたいから。）

そしたら、彼女はこう言ったわ。

「自分に優しくなりなさい」

その言葉は心に刺さったの。私は自分に厳しかったのよ。みんなと同じね。自分はミスをしてはいけない、もっとうまくやらなくてはいけない、常に有能でなくてはいけない、そう思っていたの。自分に優しくしたっていいじゃない。息子がミスをしたら、抱きしめてこう言っているのに。

「大丈夫よ。次はもっとうまくやれるわ」

どうしてその言葉を自分に言えないのかしら？

優しく

　自分に優しくするように、他人にも優しくしましょう。厳しく責めたりしてはいけません。誰もが最善を尽くしており、すべてのことには何らかの理由があることを常に意識しましょう。その「最善」は素晴らしいものではないかもしれません。そして、そのように振る舞う理由をあなたが理解していないのかもしれません。だから見つけるのです。推測だけで終わらせて、判断したり陰口を叩いたりしてはいけません。話し合いましょう。情報を直接もらいましょう。驚くことがあるかもしれません。

　「同じ立場になるまでは、他人を批判してはいけない」という言葉もあります。人が仕事をうまくできない理由はさまざまです。私生活に困難を抱えているのかもしれませんし、仕事を失い不安を感じているのかもしれません。自分の価値観を曲げなければいけないと感じていたり、コンフォートゾーンから追い出されていると感じていたりするのかもしれません。これまでに仕事で失敗したことがなければ、それは単に運がよかっただけです。過度にストレスのかかる状況にいたことがなかったのでしょう。

これからの道のり

　自分の仕事が色あせないようにしましょう。現在の役割が役不足だと感じたら、会社のなかに新しい機会があるかもしれません。

- 新しいチーム、プロジェクト、部署に移動できますか？
- これまで以上に多くの人をコーチできますか？
- これまでとは違った役割の人たちをコーチできますか？
- 他の人を指導できますか？

本書がアジャイルコーチになるためのガイドとなり、あなたを興味深いところへ連れて行けるとしたら光栄です。最後にお別れの言葉を贈ります。

常に前方に広がる道に目を向けましょう。あなたのキャリアはあなたが思うように進めましょう。仕事は常に挑戦的なものにしましょう。できることなら少しだけ大変なものがいいでしょう。そうすれば、いつでも前向きでいられます。

14.6　チェックリスト

- 学習する時間を作りましょう。今月学びたいことの計画と、それを成し遂げるための計画を作りましょう。
- ふりかえりの時間を作りましょう。教訓は書籍からではなく、自分自身のさまざまな失敗から得られるものです。
- ストレスを解消する時間を作りましょう。仕事だけが重要だと思っていると、すぐに消耗してしまいます。毎日きちんと自分の時間を作り、物事を冷静に判断しましょう。
- 関心事を共有できる人たちに会いましょう。地域のグループやカンファレンスに参加すれば、これからもアジャイルに対する情熱を維持できるような人たちに出会えます。
- 自分に優しくなりましょう。ミスは忘れましょう。そこから学び、償いをして、先へ進みましょう。
- 他人に優しくなりましょう。悪意のせいにしてはいけません。そのような行動をする理由を明らかにしましょう。チームで意見や様式に違いがあっても、それは問題ではありません。
- 仕事が色あせないようにしましょう。自分を仕事に駆り立てましょう。それができないようなら、仕事は楽しくありません。

参考文献
Bibliography

[Bec00]　Extreme Leadership: Celebrate Accomplishment, Kent Beck, 2000.

[Bec07]　Kent Beck. *Implementation Patterns*. Addison-Wesley, Reading, MA, 2007.
　　　　　『実装パターン』（ピアソンエデュケーション）

[Bel05]　Arlo Belshee. Promiscuous pairing and beginner's mind: Embrace inexperience. *Proceedings of the Agile 2005 conference*, pages 125-131, July 2005.

[Bon93]　Edward De Bono. *Six Action Shoes*. HarperCollins Publishers Ltd, London, 1993.

[Buz03]　Tony Buzan. *Use Your Head*. BBC Active, London, UK, 2003.
　　　　　『頭がよくなる本』（東京図書）

[Coh06]　Mike Cohn. *Agile Estimating and Planning*. Prentice Hall, Englewood Cliffs, NJ, 2006.
　　　　　『アジャイルな見積りと計画づくり〜価値あるソフトウェアを育てる概念と技法〜』（マイナビ出版）

[DL06]　Esther Derby and Diana Larsen. *Agile Retrospectives: Making Good Teams Great*. The Pragmatic Programmers, LLC, Raleigh, NC, and Dallas, TX, 2006.
　　　　　『アジャイルレトロスペクティブズ 強いチームを育てる「ふりかえり」の手引き』（オーム社）

[Eme01]　Dale H. Emery. Resistance as a resource. File on website, 2001.

[Fea04]　Michael Feathers. *Working Effectively with Legacy Code*. Prentice Hall, Englewood Cliffs, NJ, 2004.
　　　　　『レガシーコード改善ガイド』（翔泳社）

参考文献

[Gre]   James Grenning. Planning poker or how to avoid analysis paralysis while release planning. https://wingman-sw.com/papers/PlanningPoker-v1.1.pdf.

[Her93]   Frederick Herzberg. *The Motivation to Work*. Transaction Publishers, Piscataway, New Jersey, 1993.

[Hil]   Linda A Hill. *Becoming a Manager*. Harvard Business School Press, Boston.

[MMMP] Julian Higman, Tim Mackinnon, Ivan Moore, and Duncan Pierce. Innovation and sustainability with gold cards. http://www.morethan.technology/downloads/papers/InnovationAndSustainabilityWithGoldCards.pdf.

[HT00]   Andrew Hunt and David Thomas. *The Pragmatic Programmer: From Journeyman to Master*. Addison-Wesley, Reading, MA, 2000.
『新装版 達人プログラマー 職人から名匠への道』（オーム社）

[Hun08]   Andy Hunt. *Pragmatic Thinking & Learning: Refactor Your Wetware*. The Pragmatic Programmers, LLC, Raleigh, NC, and Dallas, TX, 2008.
『リファクタリング・ウェットウェア—達人プログラマーの思考法と学習法』（オライリー・ジャパン）

[Jan82]   Irving L. Janis. *Groupthink*. Houghton Mifflin, Boston, Massachusetts, 1982.

[Jef]   Ron Jeffries. Essential XP: Card, conversation, confirmation. http://ronjeffries.com/xprog/articles/expcardconversationconfirmation/.

[Ker01]   Norman L. Kerth. *Project Retrospectives: A Handbook for Team Reviews*. Dorset House, New York, 2001.

[KLT+96] Sam Kaner, Lenny Lind, Catherine Toldi, Sarah Fisk, and Duane Berger. *The Facilitator's Guide to Participatory Decision-Making*. New Society Publishers, Gabriola Island, BC, 1996.

[Kni07]   Henrik Kniberg. *Scrum and XP from the Trenches*. InfoQ, Toronto, 2007.
「塹壕よりScrumとXP」https://www.infoq.com/jp/minibooks/scrum-xp-from-the-trenches

[Koh93]   Alfie Kohn. *Punished by Rewards: The Trouble with Gold Stars, Incentive Plans, A's, Praise, and Other Bribes*. Houghton Mifflin Company, Boston, 1993.
『報酬主義をこえて』（法政大学出版局）

[Len05]   Patrick Lencioni. *Overcoming the Five Dysfunctions of a Team: A Field Guide*. Jossey-Bass, A Wiley Company, San Francisco, 2005.

[Lit03]   Jim Little. Change your organization (for peons). *Proceedings of the 2003 Agile Development Conference*, pages 54-59, June 2003.

[LV09]   Craig Larman and Bas Vodde. *Scaling Lean and Agile Development*. Addison-Wesley, Reading, MA, 2009.

[Mar08]   Robert C. Martin. *Clean Code: A Handbook of Agile Software Craftsmanship*. Prentice Hall, Englewood Cliffs, NJ, 2008.
『Clean Code アジャイルソフトウェア達人の技』（アスキー・メディアワークス）

[MR04]   Mary Lynn Manns and Linda Rising. *Fearless Change: Patterns for Introducing New Ideas*. Addison-Wesley, Reading, MA, 2004.
『Fearless Change アジャイルに効く アイデアを組織に広げるための48のパターン』（丸善出版）

[Nor06]   Dan North. Behavior modification. *Better Software*, March, 2006.

[Ohn88]   Taiichi Ohno. *Toyota Production System: Beyond Large Scale Production*. Productivity Press, New York, 1988.
『トヨタ生産方式―脱規模の経営をめざして』（ダイヤモンド社）

[PP06]   Mary Poppendieck and Tom Poppendieck. *Implementing Lean Software Development: From Concept to Cash*. Addison-Wesley, Reading, MA, 2006.
『リーン開発の本質』（日経BP社）

[Roc06]   David Rock. *Quiet Leadership*. Harpercollins, New York, 2006.

[Ros03]   Marshall Rosenberg. *Nonviolent Communication: a Language of Life*. Puddle Dancer Press, Encinitas, CA, 2003.
『NVC 人と人との関係にいのちを吹き込む法』（日本経済新聞出版社）

[Wak04]   William C. Wake. *Refactoring Workbook*. Addison-Wesley, Reading, MA, 2004.
『リファクタリングワークブック』（アスキー）

[Wei85]   Gerald M. Weinberg. *The Secrets of Consulting*. Dorset House, New York, 1985.
『コンサルタントの秘密』（共立出版）

索引

記号・数字

3C 78
5回のなぜ.................................39

A

Agile Toolkit Podcast 8

B

『Becoming a Manager』.................15

E

「Extreme Leadership」..................35
Extreme Tuesday Club..................14

F

『Facilitator's Guide to Participatory Decision-Making』.......................27
『Fearless Change』.......................41
FIT 87

G

Given-When-Then 83
『Groupthink』..............................26

I

「Innovation and Sustainability with Gold Cards」......................................54

M

MBTI 29, 50

O

『Overcoming the Five Dysfunctions of a Team』..48

P

Plan of Action 186
『Project Retrospectives』.................. 181, 188

「Promiscuous Pairing and Beginner's Mind」
....160
PrOpERサイクル..........................11

Q

『Quiet Leadership』.......................37

R

「Resistance as a Resource」.............34

S

『Scaling Lean and Agile Development』........57
『Six Action Shoes』.....................186
SMARTなゴール 199
South Park Studio........................144

T

Tech Talk....................................42
『The Motivation to Work』.............55
Trac...129

W

「Who Do You Trust」....................25

あ

アジャイルコーチング
　外部と内部 10
　苦難 17
　コーチに慣れる 15
　自分の成長プラン.....................196
　習慣....................................... 5
　態度...................................... 5-7
　チェックリスト 18
　デイリースタンドアップでの役割.......70
　慣れる..................................200
　ネットワーク 196
　マインドマップ 4
　優しく..................................201

索引　207

アジャイル信者 32
『アジャイルな見積りと計画づくり』................95
『アジャイルレトロスペクティブズ』..............188
焦りは禁物 131
『頭がよくなる本』..................................194
アバター 116, 144
アプリシエイティブインクワイアリー 199
アルフィ・コーン 55
アルロ・ベルシー 160
安全チェック 189
安息 200
アンディ・ハント 29, 158
アントニー・マルカノ 128

い

イーディス・シーショア 200
イヴァン・ムーア 144
イノベーション 53
インクリメンタルな設計............................149
インセンティブ 55

え

衛生要因 55
エスター・ダービー 188
エドワード・デ・ボノ 186

お

大野耐一 38

か

カール・スコットランド 99
外部コーチ 10
外部チーム 122
カタ 139
考えさせる質問 37
感情セイスモグラフ 183
カンバン 98

き

気づく 4
機能横断型..56
教育する 4

協力を求める 37
記録 198

く

クリーンコード
　苦難 162
　チェックリスト 163

け

計画づくり
　苦難 100
　チェックリスト 103
経験 17
ケリー・ジョーンズ 95
ケント・ベック 35, 172

こ

合意する 150
合意を形成する 27
コーディング道場 138
コードの共同所有 154
ゴールドカード 54
顧客
　イテレーションの計画............................90
　役割 51
　ユーザーストーリー 83
個人のふりかえり 198
言葉に気をつける 6
『コンサルタントの秘密』............................16
根本的な帰属の誤り 189

さ

最優先指令 188
『塹壕より Scrum と XP』...........................180

し

ジェームズ・グレニング 96
ジェームズ・ショア 14, 141
ジェフ・パットン 103
ジェラルド・ワインバーグ 16, 200
支援する 5
実践から学ぶ 7

自分の成長プラン 196
紹介 9
情報満載のワークスペース 51
情報ラジエーター 63
ジョージ・ディンウィディ 48
初心忘るべからず 159
辛抱強さ 6

す

スクラムオブスクラムミーティング 49
ストーリーカードマトリックス 95
ストーリーテスト 82
ストーリーテンプレート 81
スパイク 94, 124

せ

成功日誌 199
設計 150
専門家 157

そ

挿話
   2部構成のデイリースタンドアップ 67
   TDDの導入が早すぎる 136
   Tech Talk 42
   操られているような感じ 40
   大きな見える化チャート 71
   大掃除 114
   火曜の朝 65
   カンファレンスジャンキー 197
   規則は絶対？ 36
   昨日の天気 101
   気楽に話す 195
   「合意の段階」を使う 28
   コーディングガイドラインに対するチーム
   の合意..171
   ゴールドカード 54
   最悪なデモ 171
   去る者は日々に疎し 187
   時間がかかる 180
   実行の遅いテストの影響 145
   書籍検索のデモ 173

信頼には安心が必要....................................49
数字だけではありません............................92
スタンドアップチェコフ............................64
ストーリーテストの作成 84
正式に紹介されない場合 9
正しいことを計測しましょう 113
誰も話を聞いてくれない 32
ダンボール製のボード..............................109
チームは計画が嫌い..................................92
調子はどうですか？..................................55
デイリースタンドアップの乗っ取り 73
デモの準備 169
泣き言を言える相手..................................14
暴露コメント 153
バグをメールで知らせる 128
パスしたテストを見える化する.................146
まだぜんぜん完成してない 125
夜型 vs 朝型 69
私の履歴書 198
ソース管理...................................... 18, 123
ソフトウェアのリリース...........................174

た

ダイアナ・ラーセン 188
大規模なふりかえり 189
タイプ評価..50
対立を解消 26
『達人プログラマー』..................................158

ち

チーム
   苦難...56
   チェックリスト 57
チームボード 62, 63, 105
   苦難..115
   チェックリスト 116
遅刻...71
地に足をつける 6

て

デイヴ・トーマス 139
デイビッド・ロック 37

デイリースタンドアップ 61
 苦難 71
 コーチの役割 70
 時間が長すぎる 72
 時間を設定する 69
 立ってやる 62
 チェックリスト 75
 流れ 65
 問題 68
デール・エメリー 34
テスト
 苦難 147
 チェックリスト 148
テストカバレッジ 146
テスト駆動開発 (TDD)
 苦難 147
 チェックリスト 148
テストダブル 137
デプロイテスト 175
デモ 167
 苦難 175
 準備 167
 チェックリスト 176
 廃止しようとする理由 167
 様子 173
電子的なボード 110

と

当事者意識 34
トーマス―キルマン対立モード 29
トーマス・エジソン 53
ドット投票 185
トニー・ブザン 194
トヨタ生産方式 99

な

内省的な質問 38
内部コーチ 10
何か食べながら 172

ね

ネットワーク 196

の

ノートに記録 23
ノーム・カース 181

は

パーキングロット 68
バーンアップチャート 113
バーンダウンチャート 112
バグ 125
バス・ボッテ 186
バックアップボード 98
バックグラウンドで傾聴する 23
バックログ 129
パトリック・クア 183
パトリック・レンシオーニ 48
バランス 6
バランスを取る 6

ひ

ヒット率 100
人前で話す 195
非暴力コミュニケーション 26
ビル・ウェイク 12, 151
ビルドトークン 142
ピンポンプログラミング 161

ふ

ファシリテートする 4
フィードバック
 継続的インテグレーション 143
 チェックリスト 30
 ポジティブ 25
フィードバックする 4
ブランチ 147
フランチェスコ・シリロ 162
プランニングポーカー 96
ふりかえり
 苦難 190
 チェックリスト 191
プレイングコーチ 15
フレデリック・ハーズバーグ 55
プロジェクター 79, 91, 110

文化 30
文書化 87
分析麻痺 169

へ

ペアの組み合わせ表 111
ペース 5, 14
ヘールト・ホフステード 30
部屋にいる象 184
ベルビンの自己認識測定法 50
ベロシティ 97, 100, 102, 111, 131, 139, 172
変化
    苦難 44
    チェックリスト 45
勉強会 41
ヘンリック・クニベルグ 179

ほ

『報酬主義をこえて』 55
ポジティブなフィードバック 25
ボディーランゲージ 22
ポモドーロテクニック 162

ま

マーシャル・ローゼンバーグ 26
マイク・コーン 95
マイク・ロウリー 100
マイケル・フェザーズ 140

み

ミーティング
    苦難 71
    チェックリスト 75
見える化
    苦難 115
    チェックリスト 116
ミス 200

む

無理 100

め

メアリー・ポッペンディーク 133

も

モチベーション 55
モニター 160
模範を示す 5
問題解決 187, 129, 22, 20

や

役割のバランス 51
やる気 55

ゆ

ユーザーグループ 8, 42, 197
ユーザーストーリー
    苦難 86
    チェックリスト 88
ユニットテスト 140

ら

ランディ・パウシェ 184

り

『リーン開発の本質』 133
リズの言葉
    10分ビルド 146
    2台のモニター 160
    アジャイルな計画のためのソフトウェアは
    役に立たない 110
    一緒にランチを食べましょう 47
    会話を始めましょう 79
    現実的にならなきゃ 98
    コメントなし 154
    自分に優しく 200
    書記はやらないように 94
    戦いは選びましょう 35
    チームの功績を認めて 16
    常に冷静でいて 130
    何か食べながら 172
    人を箱に入れちゃダメ 29
    ペンの力を乱用しちゃダメ 23

ルールは忘れて 68

リファクタリング 151

『リファクタリング・ウェットウェア』............29

『リファクタリングワークブック』................152

リリースバーンアップチャート 133

リンダ・ヒル 15

リンダ・ライジング...........................25, 194

れ

レイチェルの言葉

アジャイルは宗教じゃないわ 32

焦りは禁物 131

うまくやっているところを見つけてあげて...25

議論を絶やさないで..................................93

コードを気にかけていいのよ 158

言葉で伝えるんじゃなくて、見せるのよ xv

自分のアドバイスをよく聞いて...................62

素直になって 33

ダメになる 114

チームにおもちゃを押しつけないで 143

何を読んだか覚えておいて 194

プロジェクター禁止..............................91

部屋にいる象を紹介しましょう 184

巻き戻しと早送り 13

破って捨てるのよ 80

リスペクトを示して................................124

『レガシーコード改善ガイド』................140

ろ

ロン・ジェフリーズ.....................................78

わ

割れ窓理論...158

〈著者紹介〉

Rachel Davies （レイチェル・デイヴィス）

レイチェル・デイヴィスは、アジャイルソフトウェア開発チームに対して、テスト駆動開発やユーザーストーリーを使った計画づくりなどの専門コーチングを提供している。2000 年から XP とスクラムを使ったアジャイルチームと働いている。世界中のカンファレンスで何度も講演しており、アジャイルアライアンスのディレクターでもある。アジャイルコミュニティにおいては、国際的に認知されている人物である。

Liz Sedley （リズ・セドレー）

リズ・セドレーは、英国ロンドンで働くアジャイルコーチ兼 .NET 開発者である。主に C++/C# 開発者として、15 年間の経験がある。この 4 年間は、会社そのものをよりアジャイルにしようとしている。

〈翻訳者紹介〉

永瀬 美穂 （ながせ みほ）@miholovesq

アジャイルコーチ。産業技術大学院大学特任准教授。筑波大学非常勤講師。琉球大学非常勤講師。受託開発の現場で Web アプリケーションエンジニア、プロジェクトマネージャーとしての経験を重ね、2009 年頃より所属組織でのアジャイルの導入と実践を通じ組織マネジメントを行う。現在は企業へのアジャイル導入支援やコーチングをしながら、大学教員としてアジャイル開発を教え、産学二足のわらじを履いている。2011 年より Scrum Gathering Tokyo の実行委員としてスクラムの普及促進に寄与している。主に東南アジアのアジャイルコミュニティとの交流を続け、カンファレンスでの発表多数。認定スクラムプロフェッショナル（CSP）かつプロジェクトマネジメントプロフェッショナル（PMP）。共著書に『SCRUM BOOT CAMP THE BOOK』（翔泳社）。共訳書に『ジョイ・インク』（翔泳社）。

角 征典 （かど まさのり）@kdmsnr

ワイクル株式会社（取締役、プログラマ、コンサルタント）。東京工業大学環境・社会理工学院（特任講師）。アジャイル開発とリーンスタートアップのコンサルティングに従事。大学では、アントレプレナーシップ教育でデザイン思考の講義を担当。訳書・共訳・監訳書に『リーンエンタープライズ』『カンバン仕事術』『リーダブルコード』『メタプログラミング Ruby 第 2 版』『Team Geek』『Running Lean』『Lean Analytics』『ウェブオペレーション』（オライリー・ジャパン）、『エクストリームプログラミング』『7 つのデータベース 7 つの世界』『アジャイルレトロスペクティブズ』（オーム社）、『エッセンシャルスクラム』（翔泳社）、『プログラマの考え方がおもしろいほど身につく本』『Software in 30 Days』『サービスデザインパターン』『Clean Coder』（アスキー・メディアワークス）、『Fearless Change』（丸善出版）など。

- 本書の内容に関する質問は，オーム社書籍編集局「(書名を明記)」係宛に，書状または FAX（03-3293-2824），E-mail（shoseki@ohmsha.co.jp）にてお願いします．お受けできる質問は本書で紹介した内容に限らせていただきます．なお，電話での質問にはお答えできませんので，あらかじめご了承ください．
- 万一，落丁・乱丁の場合は，送料当社負担でお取替えいたします．当社販売課宛にお送りください．
- 本書の一部の複写複製を希望される場合は，本書扉裏を参照してください．

JCOPY ＜(社)出版者著作権管理機構 委託出版物＞

アジャイルコーチング

平成 29 年 1 月 15 日　　第 1 版第 1 刷発行

著　　者	Rachel Davies, Liz Sedley	
訳　　者	永瀬美穂・角征典	
発行者	村上和夫	
発行所	株式会社 オーム社	

　　　　　　郵便番号　101-8460
　　　　　　東京都千代田区神田錦町 3-1
　　　　　　電話　03(3233)0641(代表)
　　　　　　URL　http://www.ohmsha.co.jp/

© オーム社 2017

組版　株式会社トップスタジオ　　印刷・製本　三美印刷
ISBN978-4-274-21937-5　Printed in Japan